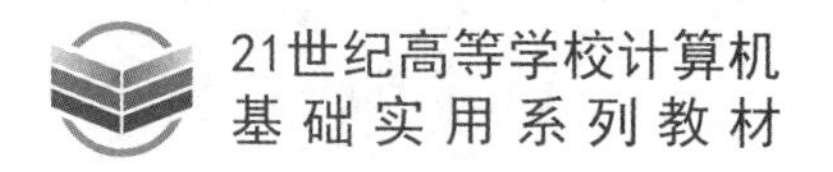

C语言程序设计实践教程

（第3版）

◎ 谢丽霞 李俊生 王红 等 编著

清華大学出版社
北京

内容简介

本书是与《C语言程序设计》教材配套的课程实验和习题指导用书。本书分为两部分，第一部分是“C语言程序设计实验指导”，共分10章，即10个实验，第1章～第9章配合C语言程序设计课程各部分教学内容的实践要求来设计实验内容，第10章是综合性程序设计。第二部分是“C语言程序设计习题”，由11章构成，精选了代表性较强、覆盖知识点较多的练习题，用于帮助学生在课后复习。

本书可作为高等学校各专业“C语言程序设计”课程的教学参考书。

图书在版编目(CIP)数据

C语言程序设计实践教程/谢丽霞等编著. —3版. —北京：清华大学出版社，2021.6 (2024.3重印)
21世纪高等学校计算机基础实用系列教材
ISBN 978-7-302-56542-0

Ⅰ. ①C… Ⅱ. ①谢… Ⅲ. ①C语言－程序设计－高等学校－教学参考资料 Ⅳ. ①TP312.8

中国版本图书馆CIP数据核字(2020)第183133号

责任编辑：贾 斌
封面设计：刘 键
责任校对：徐俊伟
责任印制：丛怀宇

出版发行：清华大学出版社
网 址：https://www.tup.com.cn, https://www.wqxuetang.com
地 址：北京清华大学学研大厦A座 **邮 编**：100084
社 总 机：010-83470000 **邮 购**：010-62786544
投稿与读者服务：010-62776969，c-service@tup.tsinghua.edu.cn
质量反馈：010-62772015，zhiliang@tup.tsinghua.edu.cn
课 件 下 载：https://www.tup.com.cn，010-83470236
印 装 者：三河市君旺印务有限公司
经 销：全国新华书店
开 本：185mm×260mm **印 张**：12 **字 数**：297千字
版 次：2016年4月第1版 2021年8月第3版 **印 次**：2024年3月第4次印刷
印 数：3301～4300
定 价：35.00元

产品编号：089420-01

第3版前言

C语言程序设计课程是高校理工类非计算机专业本科生的计算机程序设计基础课程，具有很强的理论性与实践性。开设此课程的目的是通过培养和训练学生程序设计能力，使学生在具有一般计算机知识的基础上，深入理解并掌握程序设计的思想，培养计算思维能力，为后续计算机应用基础课程、专业课学习和毕业设计打下良好的程序设计基础。

本书以教育部新推出的非计算机专业计算机基础课程体系在程序设计课程方面的指导意见为基础，大学生计算思维能力的训练为方向，C语言程序设计工程应用能力为要求编写。本书分为两部分，第一部分是“C语言程序设计实验指导”，共分10章，即10个实验；第二部分是“C语言程序设计习题”，由11章构成。

第一部分“C语言程序设计实验指导”：第1章～第9章配合C语言程序设计课程各部分教学内容的实践要求和计算思维的培养方向设计实验内容。首先是每章均安排了“相关知识点”小节，给出了与该实验项目相关的主要教学知识的概述；其次是“实验目的”，给出了本实验要达到的目的；再次是“实验内容”，给出了每一实验的算法分析指导、参考程序和说明，本着从易到难、由简到繁的思想，通过一系列案例帮助同学们尽快掌握程序设计的方法和计算思维的方式；最后是“思考题”，需要学生自行编写程序，以达到运用程序设计语言和方法解决问题的能力。第10章是综合性实验。

第二部分“C语言程序设计习题”：精选了代表性较强、覆盖知识点较多的练习题，用于帮助同学们在课后复习，积累学习经验，掌握基本理论，为上机实践打下坚实的理论基础。

本书第一部分第1～3章由李海丰执笔，第4章、第6章由王宏伟执笔，第5章由谢丽霞执笔，第7章、第10章由王红、王英石执笔，第8章由李俊生执笔，第9章由马骊执笔。李静、李炳超、何志学、鲁亮等参与了本书的书稿校对工作，在此对各位老师的辛勤付出表示衷心的感谢。

由于编者水平所限，书中可能存在许多不足之处，敬请读者批评指正。

编　者

2021年5月

目　录

第一部分　C语言程序设计实验指导

第二部分　C 语言程序设计习题

第一部分

C 语言程序设计实验指导

第1章 VC++ 2010集成开发环境与运行C程序的方法

1.1 相关知识点

Microsoft Visual C++ 2010（简称VC++ 2010）是微软公司推出的使用极为广泛的基于Windows平台的可视化集成开发环境。VC++ 2010除了包含文本编辑器、C/C++混合编译器、连接器和调试器外，还提供了功能强大的资源编辑器和图形编辑器，可利用“所见即所得”的方式完成程序界面的设计。VC++ 2010功能强大，用途广泛，不仅可以编写普通的基于C/C++语言的应用程序，还能很好地进行系统软件设计及通信软件的开发。

本书使用的是VC++ 2010提供的一种控制台操作方式，用以建立C语言应用程序。Win32控制台程序（Win32 Console Application）是一类Windows程序，它不使用复杂的图形用户界面，程序与用户交互通过一个标准的正文窗口进行。基于VC++ 2010开发C语言应用程序的一般步骤包括新建工程、新建文件、源代码编辑、编译、连接、执行，本章后面会对每一步骤进行详细说明。

1.2 实验目的

(1) 熟悉VC++ 2010集成开发环境的使用。

(2) 掌握建立、编辑和运行一个简单C应用程序的方法和过程。

1.3 实验内容

1.3.1 程序设计

例如一个笼子里关有若干只鸡和兔。某人数了一下，鸡和兔的头共h个，脚共f只。请编写程序计算笼子中的鸡和兔各多少只。

【指导】

利用计算机编程语言解决实际问题的基本过程为：首先建立问题的数学模型，然后根据数学模型设计解题算法，最后根据算法编写程序并调试运行，获得最终结果。

首先，建立该问题的数学模型：

设鸡为x只，兔为y只，则该问题的数学模型为：

$$x+y=h$$
$$2x+4y=f$$

解上述方程组,得到

$$x=(4h-f)/2$$
$$y=(f-2h)/2$$

然后,根据模型及算法编写程序。

【参考程序】

```
#include <stdio.h>
main()
{   int x, y, f, h;                                   //定义变量
    printf("请输入头数和脚数: \n");
    scanf("%d%d", &h, &f);                            //h为头数,f为脚数
    x = (4 * h - f)/2;                                //x为鸡的只数,y为兔的只数
    y = (f - 2 * h)/2;
    printf("鸡的个数为%d, 兔的个数为%d\n", x, y);      //输出结果
}
```

【说明】

VC++ 2010是Microsoft开发的一款集程序编辑、编译、连接、调试和执行于一体的C/C++语言程序开发环境。利用VC++ 2010进行C语言程序设计的步骤如下:

(1) 启动VC++ 2010集成开发环境,如图1.1所示。

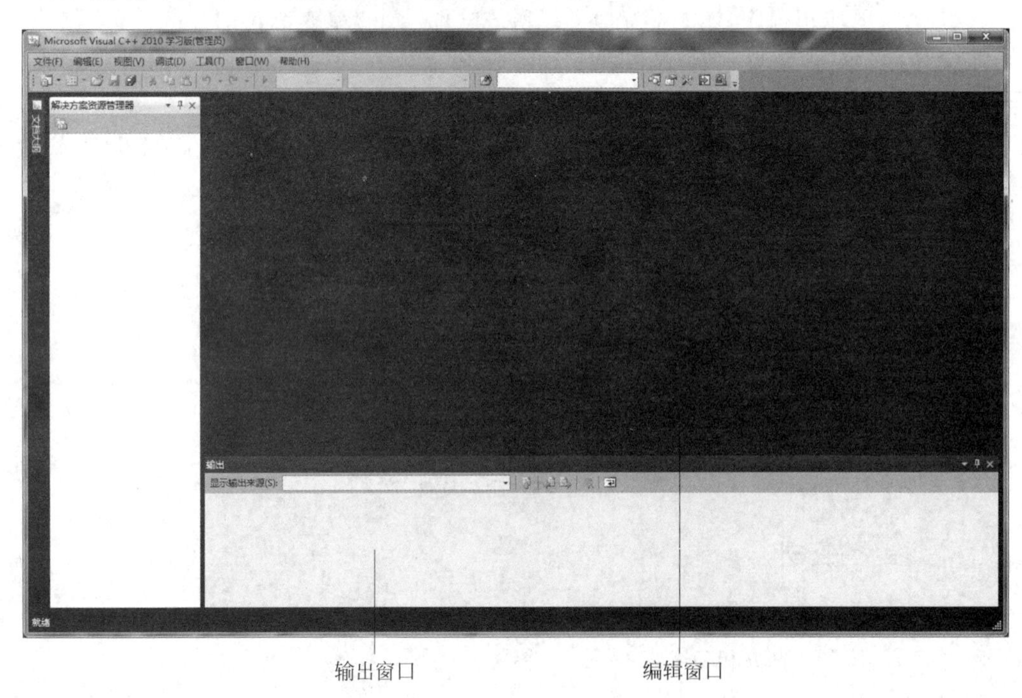

图1.1 VC++ 2010集成开发环境主窗口

(2) 创建一个工程项目。

① 单击"文件"菜单中的"新建"选项,弹出如图1.2所示的"新建项目"对话框,选择其中的"项目"选项卡,然后在上面的列表框中选择"Win32控制台应用程序",在下部"名称"文本框中输入项目名称(如test1),在"位置"文本框中输入或选择(单击文本框右边的"浏览"按钮)项目的保存位置,其他使用默认设置,最后单击"确定"按钮。

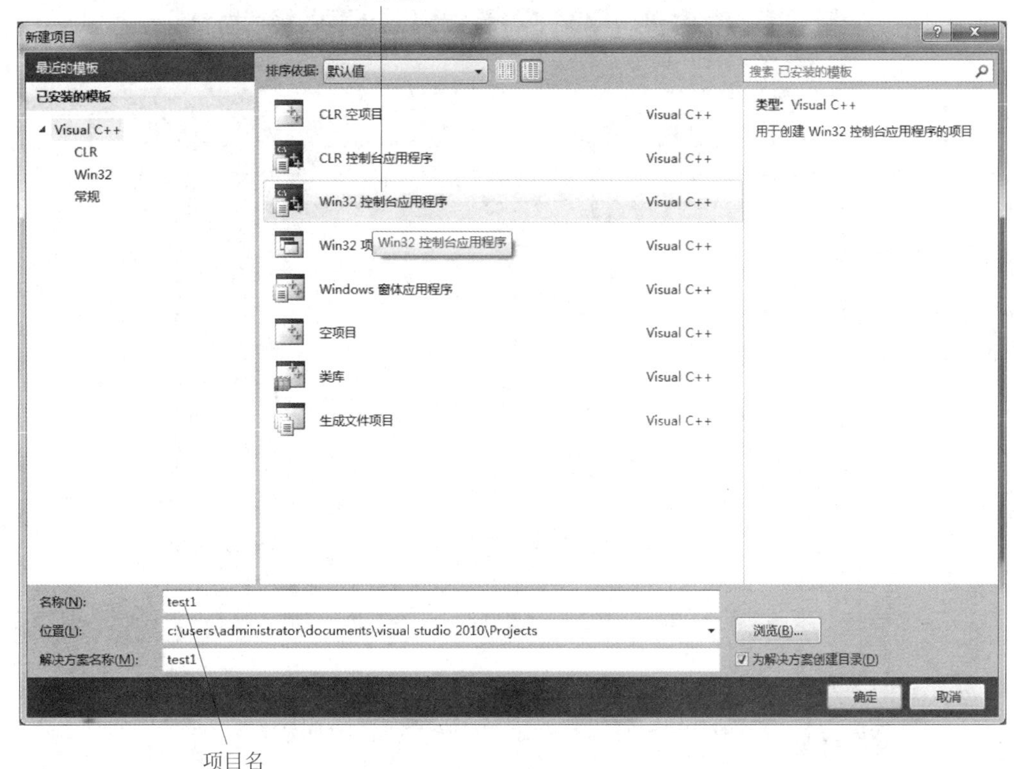

图 1.2 “新建项目”对话框

② 系统进入 Win32 应用程序向导,如图 1.3 所示。单击“下一步”按钮,系统进入控制台应用程序类型选择向导,如图 1.4 所示。对于 C 语言用户而言,应从对话框中选择“空项目”。

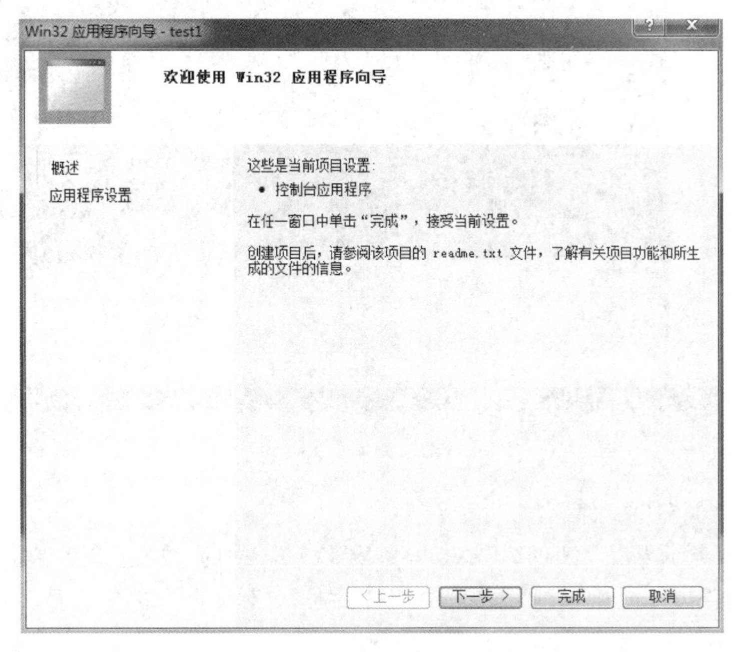

图 1.3 进入 Win32 应用程序向导

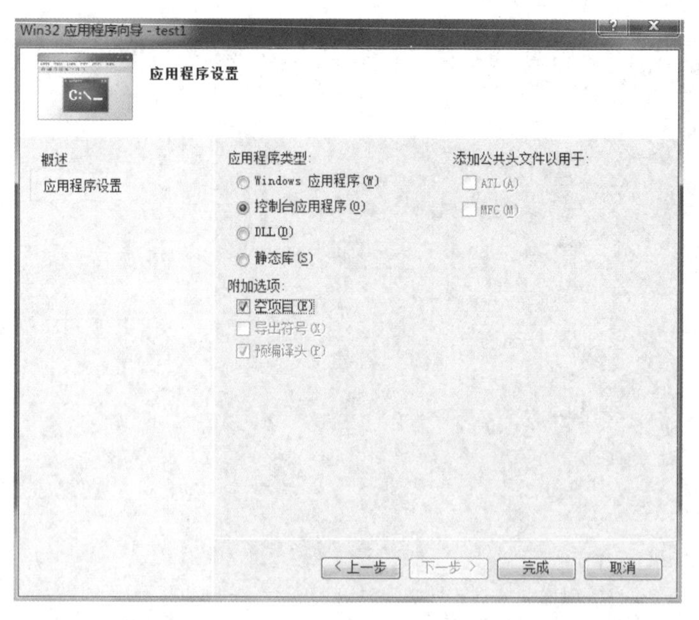

图 1.4　选择控制台应用程序类型

③ 单击“完成”按钮,从而创建一个没有任何源文件的空项目。

④ 系统回到主窗口,如图 1.5 所示。至此,完成了项目的创建。

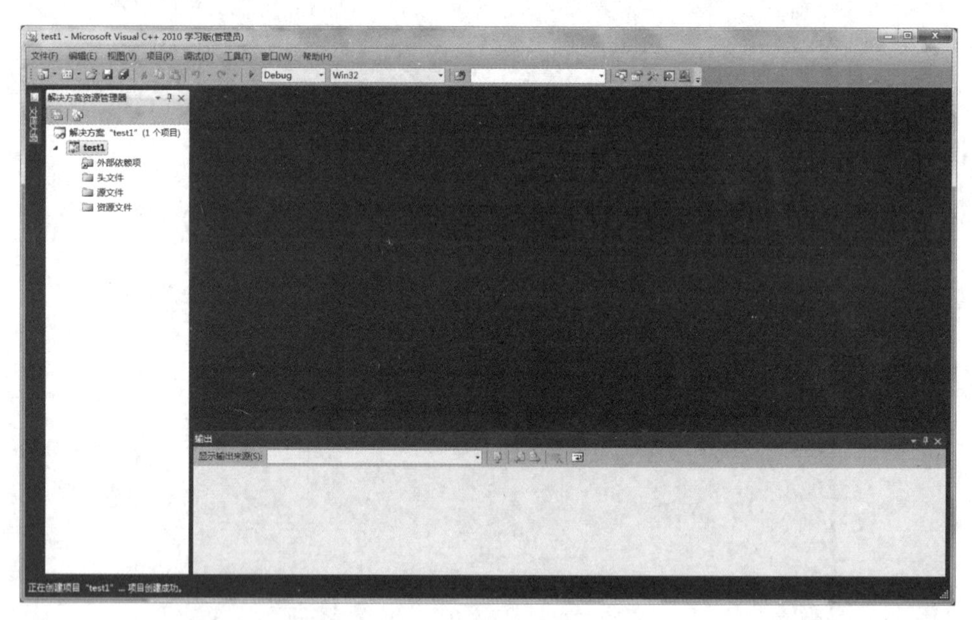

图 1.5　完成项目创建

(3) 创建 C 源程序文件。

在如图 1.5 所示界面左边的“解决方案资源管理器”中的“源文件”上右击,选择“添加”|“新建项”,弹出如图 1.6 所示的“添加新项”对话框,在对话框中部的文件类型列表中选择“C++ 文件(.cpp)”,在下部的“名称”文本框中输入文件名(如 test1.c),然后单击“添加”按钮。

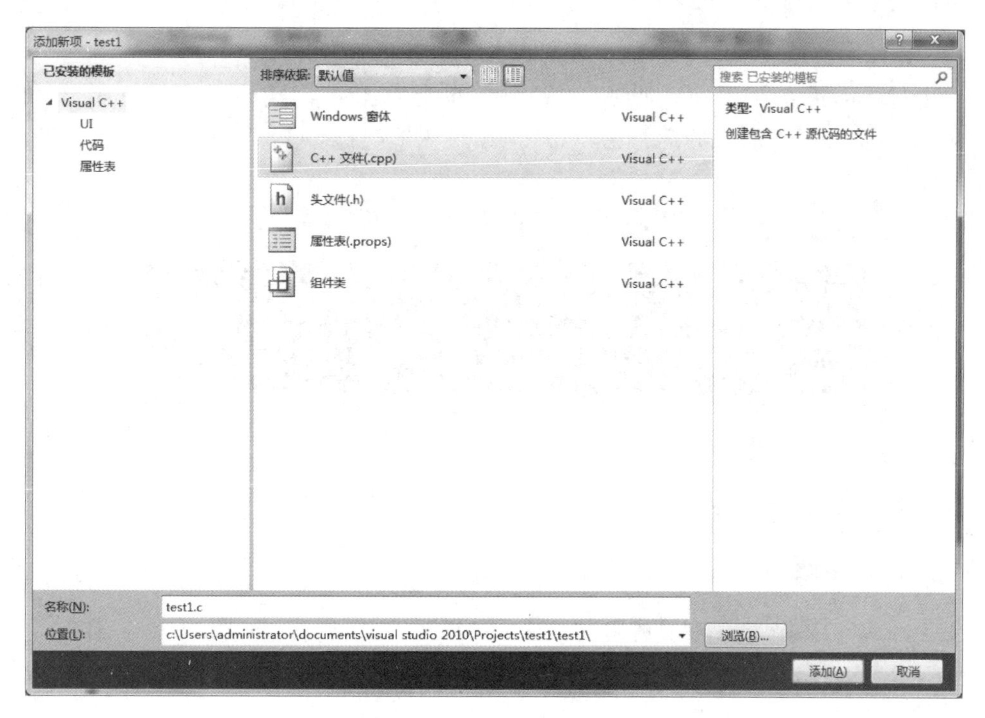

图 1.6　添加源程序文件

注：C 语言程序源文件的扩展名应为“. c”，在输入文件名时应明确指出，如 test1. c，否则，VC++ 2010 中默认的文件扩展名为“. cpp”，即为 C++程序源文件。C++对 C 兼容。

(4) 编辑 C 源程序。

文件编辑窗口已打开，如图 1.7 所示。在文件编辑窗口中输入源程序，期间，可以使用主窗口“编辑”菜单中的各种命令。输入结束后，单击“文件”菜单中的“保存”选项或工具栏上的“保存”按钮保存文件。

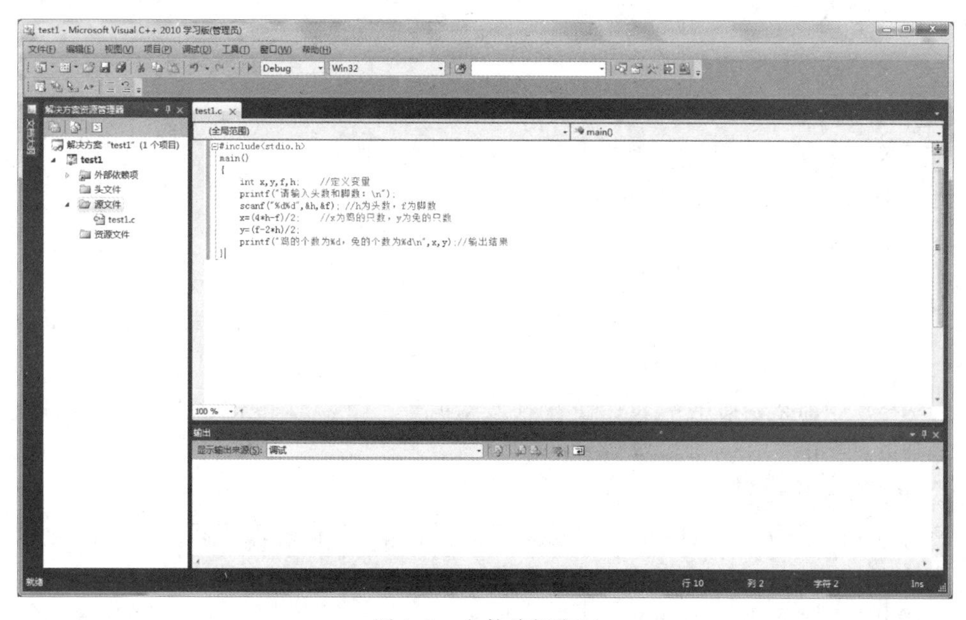

图 1.7　文件编辑窗口

(5) 编译和执行。

单击"调试"菜单中的"启动调试"选项,或者单击工具栏中的▶图标,或者按下Ctrl+F5组合键,进入如图1.8所示的运行窗口,从键盘输入"50　160"并按Enter键后,显示执行结果。

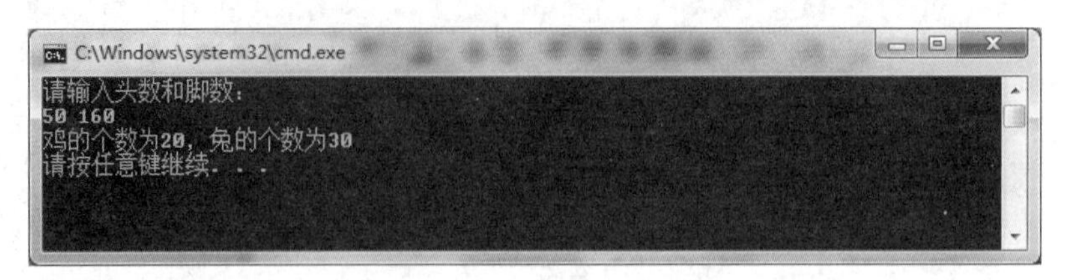

图1.8　程序运行结果

按任意键或关闭运行窗口,可以返回VC++ 2010主窗口。

1.3.2　程序调试

下面的程序中有若干错误,请调试纠正。

```
#include <stdio.h>
#include <math.h>
main()
{   int a;
    float b;
    double d;
    scanf("%d%f", a, b);
    c = a + b
    d = sqrt(a - b);
    printf("a = %d, b = %f\n", a, b);
    printf("a + b = %d\n", c);
    printf("d = %f\n", d);
}
```

【指导】

通过本实验,应初步了解在程序调试过程中可能出现的各种错误。

(1) 启动VC++ 2010集成环境。

(2) 首先新建项目test2,然后创建和录入源程序文件test2.c。

(3) 单击"启动调试",对源程序进行编译,输出窗口中出现如图1.9所示的错误信息。

① 找出第一个错误。在信息窗口中双击第一条错误信息,编辑窗口会出现一个箭头指向程序出错的位置,如图1.10所示,一般在箭头的当前行或上一行,可以找到出错语句,并在状态栏显示当前错误信息。图1.10中箭头指向第8行,状态栏显示"'c':未声明的标识符",出错信息指出'c'是一个未定义的变量。

② 改正第一个错误。在第5行定义变量c: float c。

③ 找出第二个错误。用同样的方法定位第二个错误的位置,如图1.11所示,错误信息显示,在"d"之前缺";"。显然是上一行末尾缺少了";",这一错误必须纠正。

④ 改正第二个错误。在第8行末尾增加";"。

图 1.9　输出窗口中的编译出错信息

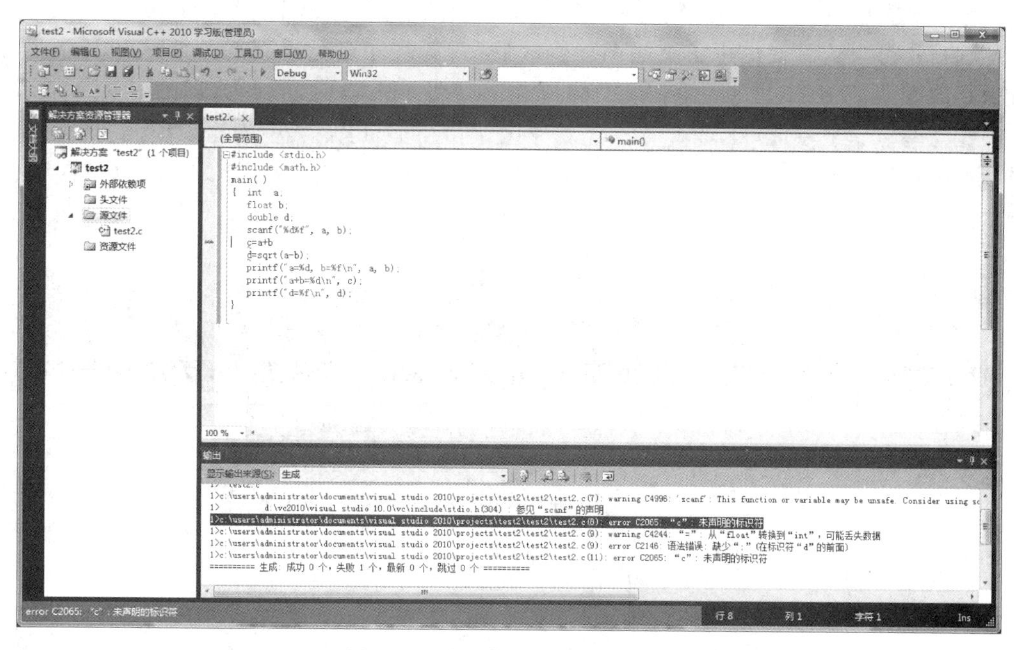

图 1.10　定位第一个错误的位置

⑤ 警告性错误。第 9 行出现了 1 个警告性错误：float 型的值被转换成 int 型的值。警告性错误是因为编译系统也无法确定这算不算错误，便以警告的形式告知用户。通常，警告性错误并不影响后续的编译、连接和运行，但有的警告性错误不加纠正，可能导致严重的运行错误。因此，对警告性错误应分析其原因，尽量予以消除。本例出现的警告是由于第 8 行表达式 a+b 的计算结果是 float 型的，而未定义的变量 c 则作为 int 型对待，这就出现了在赋值语句中 float 型被转换成 int 型的情况，通常这种转换会影响数据精度。

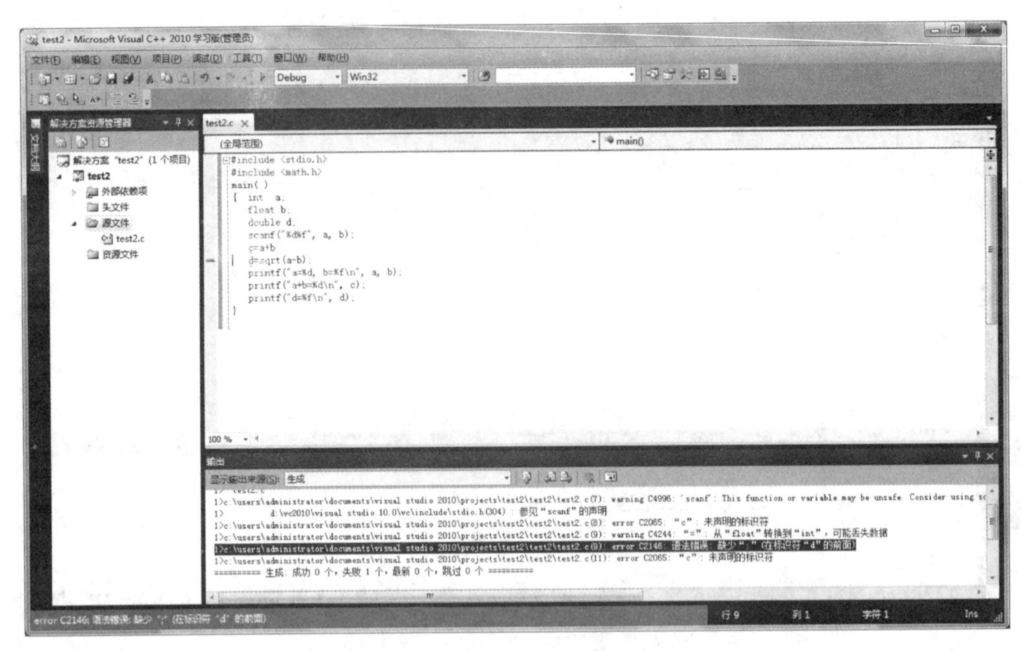

图 1.11　定位第二个错误的位置

(4) 重新调试。在进行了上述两处修改后,对源程序进行重新启动调试,又发现了运行时检查错误,如图 1.12 所示:错误的原因是变量 a、b 没有初始化,即变量 a、b 因没有值而无法参与表达式 a+b 的计算。究其原因是由于 scanf 函数中的输入项没有使用地址形式造成的。将 scanf("%d%f", a, b)改成 scanf("%d%f", &a, &b),然后重新调试执行。

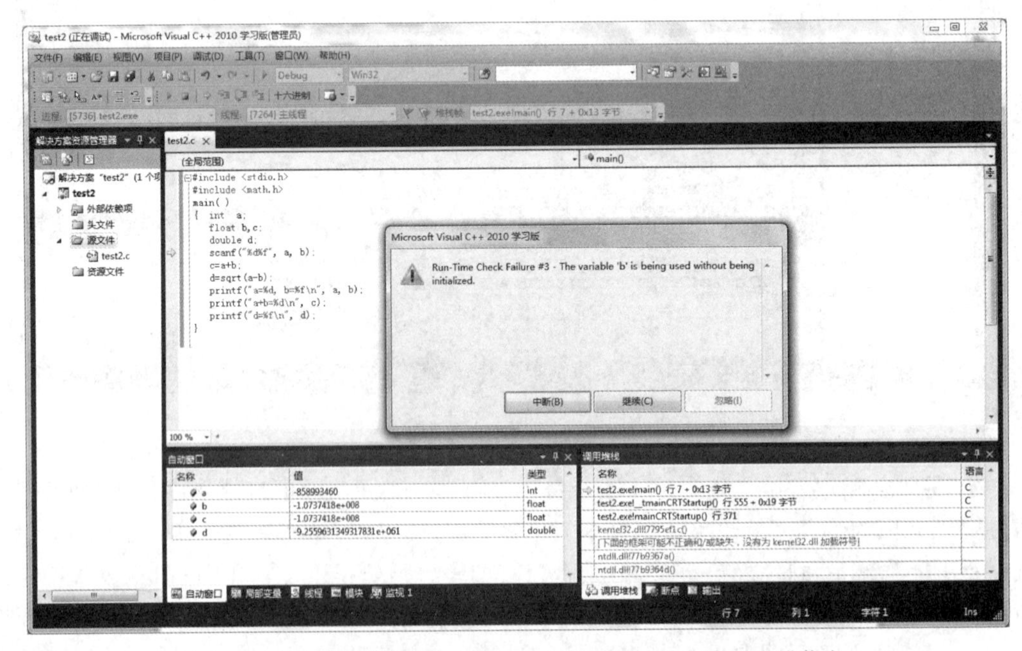

图 1.12　第二次调试后输出窗口中程序运行时检查出的出错信息

注：调试时，输出窗口中显示的错误有时很多，其实，有可能只需要修改其中一两个错误便可解决，其余的均是由其引起的。因此，调试程序修改错误时，应先修改最明显的问题，然后重新编译，如果仍有错误则继续修改并重新编译，直至没有错误。

(5) 按下 Ctrl+F5 组合键，进入运行窗口，输入 a 和 b 的值(例如分别为 14 和 22.5，其间用空格隔开，按 Enter 键结束)，屏幕显示见图 1.13。

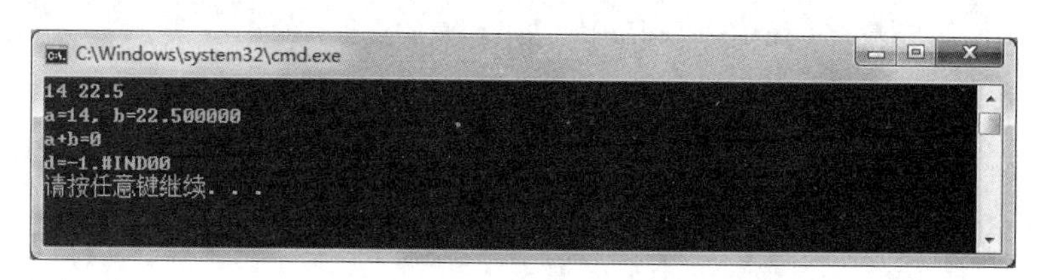

图 1.13 程序运行窗口(运行时错误)

① 找出运行错误。从图 1.12 可以发现，变量 d 显示结果错误。与语法错误不同，这类在运行过程中发现的错误称为“运行错误”。常见的运行错误包括负数开平方、数据溢出等。本例是由于负数开平方造成的。

② 改正运行错误。将第 9 行“d=sqrt(a-b)”改为“d=sqrt(fabs(a-b))”(fabs 为求绝对值的函数)，就可以消除该错误。重新编译、连接和运行后，可以获得如图 1.14 所示的运行结果。

图 1.14 程序运行窗口(逻辑错误)

③ 找出逻辑错误。从图 1.14 可以发现，输出了“a+b=0”的错误结果。该错误是由 printf("a+b=%d\n",a+b)引起的：在 printf 函数中的输出项是 float 型的变量 c，而格式控制字符串则用了“%d”。该错误属于“逻辑错误”。

④ 改正逻辑错误。将 printf("a+b=%d\n",a+b)改为 printf("a+b=%f\n",a+b)。重新运行，结果如图 1.15 所示。

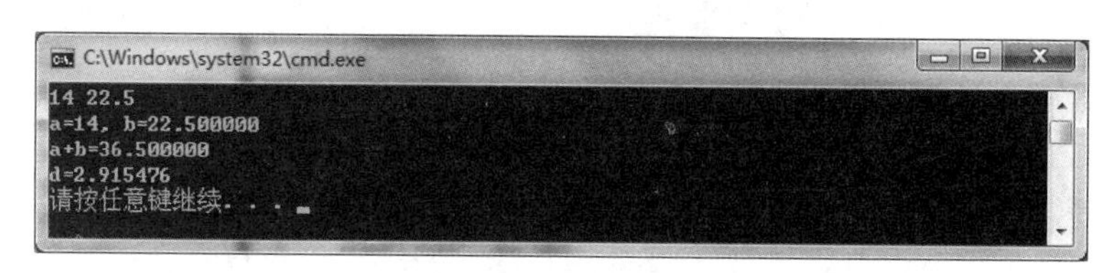

图 1.15 程序运行窗口(正确结果)

1.4 思 考 题

(1) 试编写一个程序，从键盘输入两个数，计算这两个数的和。

提示：假设输入的两个数分别为 a 和 b，和为 sum(均为 int 型)。从键盘输入 a 和 b 的值,然后计算 sum 的值,并输出结果。

(2) 试编写一个程序,从键盘输入变量 x 和 y 的值,将它们打印(显示到屏幕)出来;然后将二者的值进行交换,并打印交换后的 x 和 y 的值。例如,x 和 y 的输入值分别是 1 和 2,交换后,x 的值为 2 而 y 的值为 1。

提示:要将变量 x 和 y 的值交换,应定义并使用临时变量 temp:先将 x 的值存放到临时变量 temp 中,然后将 y 的值存放到 x 中,最后将 temp 中的值存放到 y 中。

第2章 顺序结构与数据的输入输出

2.1 相关知识点

1. 顺序结构

结构化程序设计有三种基本结构：顺序结构、选择结构、循环结构。顺序结构是其中最基本的结构，它有两层含义：一方面指程序要按照执行的先后顺序一条条书写；另一方面是指程序严格按照语句书写的先后顺序，由上至下、从左至右依次执行。

2. 常量与变量

C语言中，数据有两种表现形式：常量和变量。常量包括整型常量、实型常量、字符常量、字符串常量、符号常量。变量必须先定义，后使用。定义变量时，变量名必须是一个合法的标识符。C语言中的合法标识符必须满足以下条件：

(1) 只能由数字、字母、下画线组成。

(2) 第一个字符必须是字母或下画线。

(3) 不能是关键字。

3. 运算符及表达式

C语言程序是对数据进行加工的过程，而加工的手段就是运算符。学习运算符时需要掌握每种运算符的运算规则以及优先级和结合性。

(1) 算术运算符：包括加(+)、减(－)、乘(*)、除(/)、求余(%)、自增(++)、自减(－－)共七种。

① "－"作为减法时为双目运算符，左结合性；作为负号时为单目运算符时，右结合性；

② 两个整型数相除，其结果为整型；

③ %运算符的两个操作数必须是整型；

④ 自增/自减运算符是单目运算符，运算对象只能是变量，不能是常量或表达式。用自增或自减运算符构成表达式时，既可以前缀形式出现，也可以后缀形式出现，但作为表达式来说却有着不同的值。以前缀形式出现时，在计算时先改变变量的值，再参与其他运算；以后缀形式出现时，在计算时先参与其他运算，再改变变量的值。自增/自减运算符的结合性是右结合。

(2) 赋值运算符："="为赋值运算符。由赋值运算符组成的表达式称为赋值表达式，其形式如下：变量名=表达式。赋值号左边必须为变量名，不能为常量或表达式。赋值运算符的结合性为右结合。

(3) 逗号运算符：","是C语言中的一种特殊运算符，用逗号运算符连接起来的式子称为逗号表达式。逗号运算符的结合性为从左到右。逗号表达式的计算规则为：由左至右依次计算每个子表达式，将最后一个表达式的值作为整个逗号表达式的值。在所有的运算符中，逗号运算符的优先级最低。

(4) 关系运算符：关系运算符用于判断各个运算对象之间的相互关系，包括大于(>)、小于(<)、等于(==)、大于或等于(>=)、小于或等于(<=)、不等于(!=)六种。用关系运算符将两个表达式连接起来的式子称为关系表达式。关系表达式的值为一个逻辑值，即只有“真”和“假”两种状态。关系表达式条件成立(值为真)，则表达式的值为真(1)，否则为假(0)。

(5) 逻辑运算符：逻辑运算符用于完成逻辑(布尔)运算，包括逻辑与(&&)、逻辑或(||)、逻辑非(!)。将两个逻辑值连接起来的表达式称为逻辑表达式。逻辑运算符两侧的运算对象不但可以是逻辑值，也可以是任何类型的数据，而表达式的值最终结果为逻辑值。

4. 输入输出函数

在 C 程序中用来实现输出和输入的，主要是 printf()函数和 scanf()函数。

(1) 输出函数。printf()函数的一般格式为：printf(格式控制字符串，输出表列)

格式控制字符串用双引号括起，用来确定输出项的格式和需要原样输出的字符串。其组成形式为：

“普通字符串 % +　0 m . nl 格式控制字符”

① 输出数据项的顺序一般按从左至右的顺序输出，格式控制中的普通字符串照原样输出；

② %为 C 语言规定的标记符；

③ +指定输出数据的对齐方式：+为右对齐(可缺省)，-为左对齐；

④ 0 指定输出的数据中不使用的位置是否填数字“0”；

⑤ 关于 m、n 与 l 的说明如表 2.1 所示。

表 2.1　m、n 与 l 的说明

字　　符	说　　明
字母 l	用于长整型整数，可加在格式符 d，o，x，u 前面
一个正整数 m	数据最小宽度
一个正整数 n	对实数表示输出 n 位小数；对字符串，表示截取的字符个数

⑥ 格式控制字符用于指定数据的输出形式，如表 2.2 所示。

表 2.2　格式控制字符

格式控制字符	说　　明
d	以带符号的十进制形式输出整数
o	以无符号的八进制形式输出整数
x	以无符号的十六进制形式输出整数
u	以无符号的十进制形式输出整数
c	以字符形式输出一个字符
s	输出字符串
f	以小数形式输出单、双精度数，隐含输出六位小数

续表

格式控制字符	说　明
e	以标准指数形式输出单、双精度数，数字部分六位小数
g	选用%f或%e格式中输出宽度较短的一种格式输出，不输出无意义的0

(2) 输入函数。scanf()函数的一般格式为：scanf(格式控制字符串，输入项地址表)

格式控制字符串的含义同printf()函数，输入项地址表由若干个地址组成，代表每一个变量在内存的地址。表示为：& 变量。

2.2 实验目的

(1) 熟练掌握C语言中的各种数据类型及变量的定义方法。

(2) 熟练掌握算术、赋值、关系、逻辑、测试数据长度和位运算符的优先级和结合性。

(3) 熟练掌握算术表达式中不同类型数据间的转换和运算规则。

(4) 熟练掌握赋值表达式、关系表达式、逻辑表达式、条件表达式、逗号表达式的书写方法和求值规则。

(5) 掌握不同类型数据的输入输出方法。

2.3 实验内容

2.3.1 程序设计

编写程序，输入直角三角形的两个直角边的边长，求斜边的长度和三角形的面积，输出结果保留两位小数。

【指导】

算法分析：已知直角三角形两直角边分别为a、b，计算三角形斜边c和面积area的公式

$$c=\sqrt{a\times a+b\times b}$$

$$area=(a\times b)/2$$

【参考程序】

```
#include <stdio.h>
#include <math.h>                //程序中要用到求平方根函数 sqrt(),故应包含该头文件
int main()
{
    float a, b, c, area;
    printf("请输入直角三角形的两条直角边: \n")
    scanf("%f%f",&a, &b);                        //输入直角三角形的两条直角边长
    c = sqrt(a * a + b * b);                     //计算斜边
    area = a * b/2;                              //计算三角形的面积
    printf("斜边长度为: %.2f\n", c);              //输出斜边长
    printf("三角形面积为: %.2f\n", area);         //输出三角形面积
    return 0;
}
```

【说明】

(1) 程序中需要用到数学函数 sqrt(),故必须包含头文件 math.h。

(2) 程序中的数据输出格式可以自由选择。

2.3.2 程序分析

运行下面的程序,分析运行结果。

```
#include <stdio.h>
intmain()
{    int i = 6, j = 7, x, y, z, a, b;
     char c1, c2;
     i++;
     printf("i = %d, j = %d\n", ++i, j++);
     x = 10;
     x += x -= x - x;
     printf("x = %d\n", x);
     y = z = x;
     b = 246;
     a = b/100 % 9;
     printf("a = %d \n", a);
     c1 = 'A' + '6' - '3';
     c2 = 'A' + '6' - 3;
     printf("c1 = %c, c2 = %c \n", c1,c2);
     return 0;
}
```

【指导】

(1) 启动 VC++ 2010 集成环境。

(2) 首先创建项目 test21,然后创建源程序文件 test21.c。

(3) 对源程序进行编译和链接。如果编译和连接成功,则单击“编译”菜单中的“执行”选项,运行该程序,进入运行窗口,查看图 2.1 所示的运行结果。

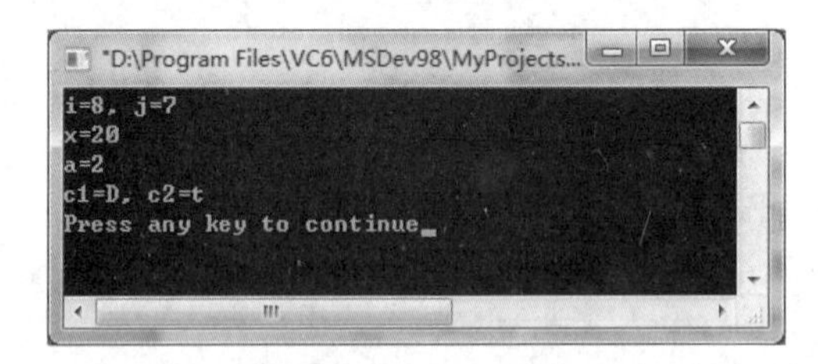

图 2.1 test21 运行结果

(4) 对程序运行结果分析如下。

① 第一行输出结果分析:变量 i 的初值为 6,经过赋值语句 i++后,其值为 7,在输出语句中又执行表达式++i,即先加 1 再取 i 的值,所以 i 的最后结果为 8;变量 j 只在输出语句中执行了表达式 j++,即先取 j 的值,再使 j 加 1,所以输出的 j 值为 7;

② 第二行输出结果分析:变量 x 的初值为 10,在执行表达式 x+=x-=x-x 时,从右到左进行计算,即先计算 x-x,其值为 0,然后计算 x-=0,结果为 x=10;最后计算 x+=x,得

到 x=20；

③ 第三行输出结果分析：计算 a 的值时，先用 246 除以 100，结果为 2；再用 2 与 9 取余，即 2 除以 9 的余数，结果仍为 2；

④ 第四行输出结果分析：字符变量或常量参与算数运算时，实际上是其对应的 ASCII 码值参与运算。本例中，大写字母 A 的 ASCII 编码值为 65，数字字符 6 和 3 的 ASCII 编码值分别为 54 和 51，由此可以计算 c1 的值为 65+54−51=68，68 是大写字母 D 的 ASCII 编码值；同理可以计算 c2 的值为 65+54−3=116，它代表小写字母 t。因此，当在 printf 函数中使用%c 格式控制字符进行输出时，输出其对应的字符值。

通过下面的程序掌握各种格式控制字符的正确使用方法。

(1) 输入以下程序：

```
#include <stdio.h>
intmain()
{    int a, b;
     float d, e;
     char c1, c2;
     double f, g;
     long m, n;
     unsigned int p, q;
     a = 51; b = 52;
     c1 = 'x'; c2 = 'y';
     d = 3.56; e = -6.87;
     f = 1234.890121; g = 0.123456789;
     m = 50000; n = -60000;
     p = 32768; q = 40000;
     printf("a = %d, b = %d\nc1 = %c, c2 = %c\nd = %6.2f, e = %6.2f\n", a, b, c1, c2, d, e);
     printf("f = %15.6f, g = %15.12f\nm = %ld, n = %ld\np = %u, q = %u\n", f, g, m, n, p, q);
     return 0;
}
```

(2) 运行此程序并分析结果。

(3) 将程序第 9~14 行改为：

```
a = 61; b = 62;
c1 = a; c2 = b;
f = 1234.890121; g = 0.123456789;
d = f; e = -g;
p = a = m = 50000; q = b = n = -60000;
```

运行程序并分析结果。

(4) 改用 scanf()函数输入数据而不用赋值语句，scanf()函数如下：

```
scanf("%d, %d, %c, %c, %f, %f, %lf, %lf, %ld, %ld, %u, %u", &a, &b, &c1, &c2, &d,
&e, &f, &g, &m, &n, &p, &q);
```

输入数据如下：

```
61, 62, a, b, 3.56, -6.87, 1234.890121, 0.123456789, 50000, -60000, 37678, 40000↙
```

分析运行结果。

(5) 在上面的基础上将输出语句改为:

```
printf("a = %d, b = %d\nc1 = %c, c2 = %c\nd = %15.6f, e = %15.12f\n", a, b, c1, c2, d, e);
printf("f = %f, g = %f\nm = %ld, n = %d\np = %d, q = %d\n", f, g, m, n, p, q);
```

运行程序,分析运行结果。

(6) 将 p、q 改用%o 格式符输出,运行程序并分析结果。

(7) 将 scanf 函数中的%lf 和%ld 改为%f 和%d,运行程序并分析结果。

2.4 思考题

(1) 编写程序,输入一个华氏温度,要求输出摄氏温度。公式为 $C=5/9\times(F-32)$,输入、输出都要有文字说明,结果取 2 位小数。

(2) 编写程序,从键盘输入一个 4 位正整数,程序在屏幕上输出该整数的千位、百位、十位和个位。例如,输入 1234,输出格式如下:"1234"的千位是"1",百位是"2",十位是"3",个位是"4"。

(3) 假定有 10 元、5 元、1 元、5 角、1 角共 5 种面值零钱,在给顾客找零钱时,一般都会尽可能地选用零钱个数最少的方法。例如,当要给某顾客找 46 元 5 角时,会给他四个 10 元,1 个 5 元,1 个 1 元和 1 个 5 角的零钱。试编写一个程序,输入的是要找给顾客的零钱(以角为单位,例如 46 元 5 角应输入 465),输出的是应该找回的各种面值零钱的数目,并保证找回的零钱总个数最少。

第3章　选择结构程序设计

3.1　相关知识点

1. if 语句

if 语句的三种形式：

(1) if 语句基本形式,如图 3.1 所示。

```
if(表达式)
    语句;
```

(2) if-else 形式,如图 3.2 所示。

```
if(表达式)
    语句 1;
else
    语句 2;
```

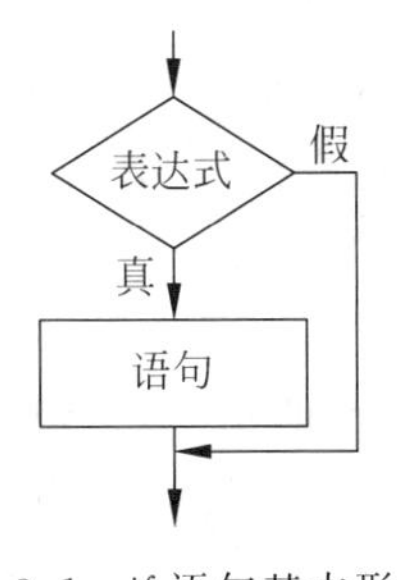

图 3.1　if 语句基本形式

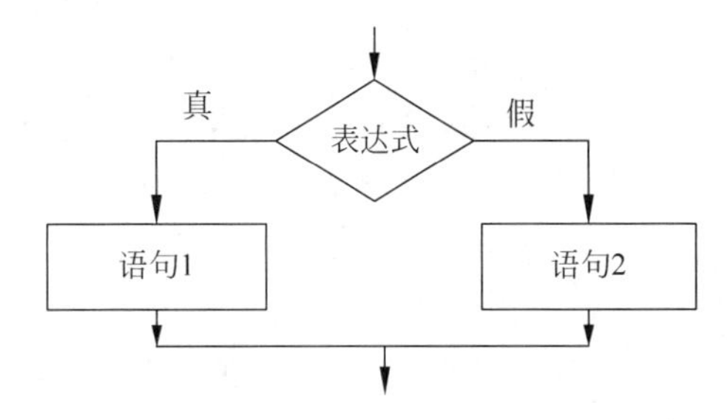

图 3.2　if-else 形式

(3) if 语句嵌套形式,如图 3.3 所示。

```
if(表达式 1)          语句 1;
else if(表达式 2)     语句 2;
…
else if(表达式 n)     语句 n;
else                  语句 n+1;
```

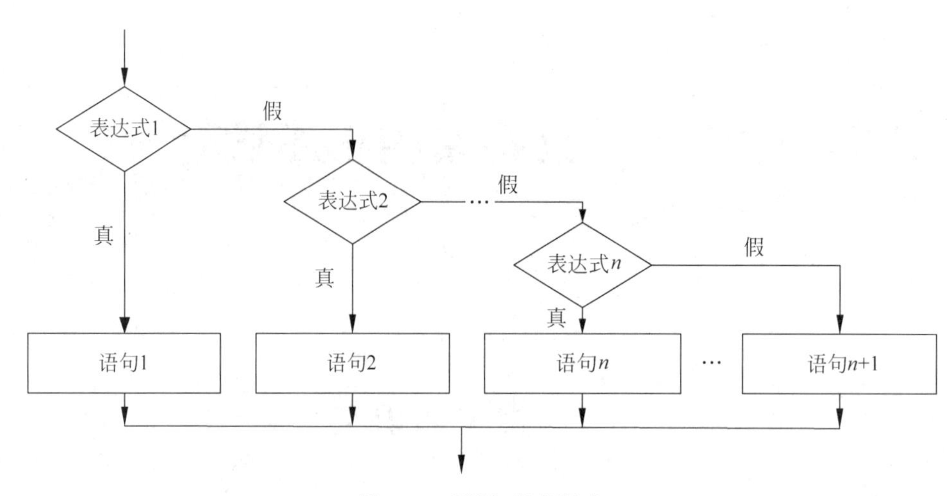

图 3.3 if语句嵌套形式

if 语句在使用过程中需要注意的地方：

(1) 在以上三种形式的 if 语句中，if 后面的括号中均为表达式。该表达式通常是逻辑表达式或者关系表达式，但也可以是其他类型表达式，如赋值表达式等，甚至也可以是一个变量。例如：if(x=2)和 if(x)都是允许的。只要表达式或变量的值为非 0，即为“真”。只有当表达式或变量的值为 0 时，才为“假”。比如在 if(x=2)中，由于赋值表达式 x=2 的值永远都为非 0，所以无论变量 x 的值为多少，该表达式均为“真”。在计算表达式的值时，特别注意区分关系运算符“==”和赋值运算符“=”的区别，要判断两个值是否相等，使用“==”，而不是“=”。

(2) 注意存在以下等价关系：if(x)等价于 if(x! =0)；if(! x)等价于 if(x==0)。

(3) 在 if 语句中，条件判断表达式必须用圆括号括起来，在语句之后必须加分号。

(4) 在 if 语句的三种形式中，所有的语句均应为单个语句，如果想在满足一定条件时执行一组语句，则需要把这一组语句用{}括起来，使其构成一条复合语句。

(5) 当 if 语句中的执行语句又是 if 语句时，则构成了 if 语句的嵌套形式。在嵌套内的 if 语句可能又是 if-else 形式的，这将会出现多个 if 和多个 else 重叠的情况，这时特别要注意 if 和 else 的配对问题。if 和 else 配对的原则为：else 总是和位于它上面的、离它最近的、未配对的 if 进行配对，以上三个条件缺一不可。

2. switch 语句

switch 语句的一般形式，如图 3.4 所示。

```
switch(表达式)
{
    case 常量表达式 1:[语句序列 1];break;
    case 常量表达式 2:[语句序列 2]; break;
    …
    case 常量表达式 n:[语句序列 n]; break;
    [default:语句序列 n+1; break; ]
}
```

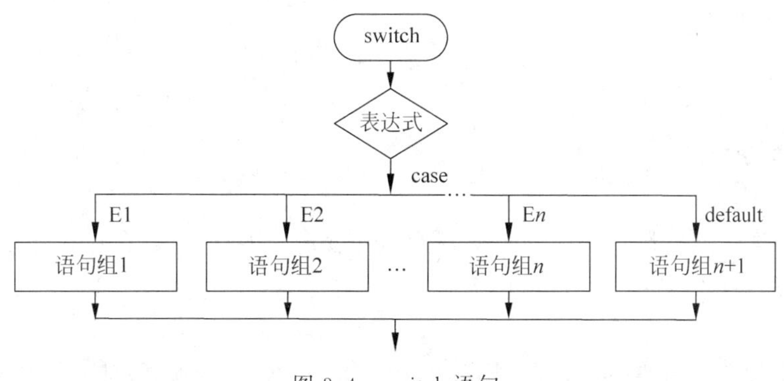

图 3.4　switch 语句

switch 语句在使用过程中需要注意的地方：

（1）switch 语句的执行过程。计算 switch 关键字后面表达式的值，并逐个与 case 后面的常量表达式的值进行比较，当表达式的值与某个常量表达式的值相等时，即执行其后的语句。如果表达式的值与所有 case 后面的常量表达式的值均不相等时，则执行 default 后面的语句。

（2）switch 后面的表达式必须是整型表达式或字符表达式。

（3）case 后面跟的表达式必须是整型或字符型的常量表达式。

（4）所有 case 后的常量表达式的值不能相同，否则会出现错误。

（5）在 case 后面可以是多条语句，而且可以不用{}括起来。

（6）可以没有 default 分支。

（7）注意 break 关键字的使用。break 用于 case 分支语句组的后面，表示程序执行到此时，该 break 所在的 switch 语句结束，不再执行后面的内容。如果一个 case 分支中没有 break，则在执行完该分支后，仍然会继续无条件地执行下面分支中的语句。例如，在下列 switch 语句中，如果变量 x 的值为 1，由于没有在 case 1 分支后面加入 break，所以程序在执行完 case 1 分支后仍然会执行 case 2 分支，因此最终输出结果为“x==1 x== 2”，而不是“x==1”。

```
switch(x)
{
    case 1: printf("x == 1 ");
    case 2: printf("x == 2 ");
}
```

3.2　实验目的

（1）熟练掌握各种选择结构，包括 if-else 及其嵌套结构，if-else if-else 形式的多重选择结构，以及 switch 形式的多重选择结构的使用。

（2）熟练掌握选择结构中测试表达式的书写。

（3）学会用选择结构编制简单的程序。

3.3 实验内容

3.3.1 程序设计

1. 编制程序

要求：任给三个整数 a、b、c，将最大数存放在变量 a 中，最小数存放在变量 c 中，并按从大到小的顺序输出。

【指导】

这是一个简单的数据排序的问题，其主要操作是比较和交换，算法步骤如下：

(1) 比较 a 和 b，如果 a<b，则将 a、b 的值进行交换。

(2) 比较 a 和 c，如果 a<c，则将 a、c 的值进行交换。

(3) 比较 b 和 c，如果 b<c，则将 b、c 的值进行交换。

(4) 按顺序输出 a、b、c。

【流程图】

流程图见图 3.5。

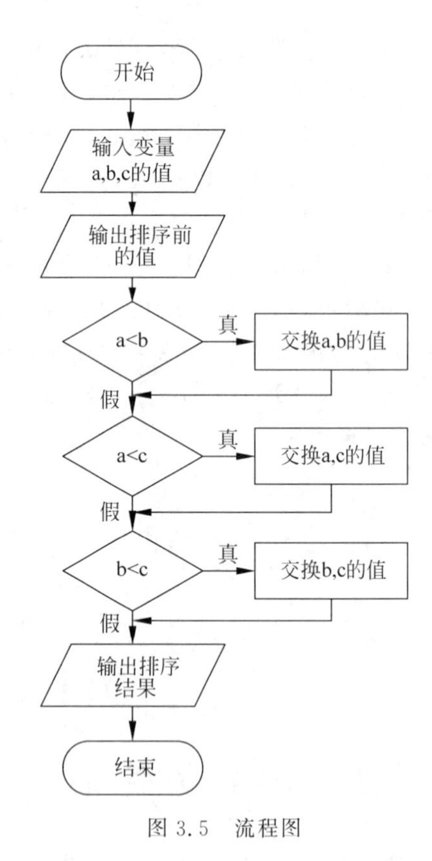

图 3.5 流程图

【参考程序】

```
#include <stdio.h>
int main()
{
```

```
    int a, b, c, temp;
    printf("Input a,b and c:\n");
    scanf("%d%d%d", &a, &b, &c);
    printf("Before sorting: a=%d, b=%d, c=%d\n", a, b, c);
    if (a<b) { temp=a; a=b; b=temp; }
    if (a<c) { temp=a; a=c; c=temp; }
    if (b<c) { temp=b; b=c; c=temp; }
    printf("After sorting:a=%d, b=%d, c=%d\n", a, b, c);
    return 0;
}
```

2. 调试程序示例

邮局对邮寄包裹的收费标准为：每件收手续费 0.2 元，不同重量的邮资按表 3.1 所示进行计算。

表 3.1　邮寄不同重量包裹收费标准

重量/kg	收费标准/元
小于 10	0.80
大于或等于 10 但不超过 20	0.75
大于或等于 20	0.70

编写程序，输入包裹的重量，输出所需的邮资(输出结果保留两位小数)。

【流程图】

流程图见图 3.6 所示。

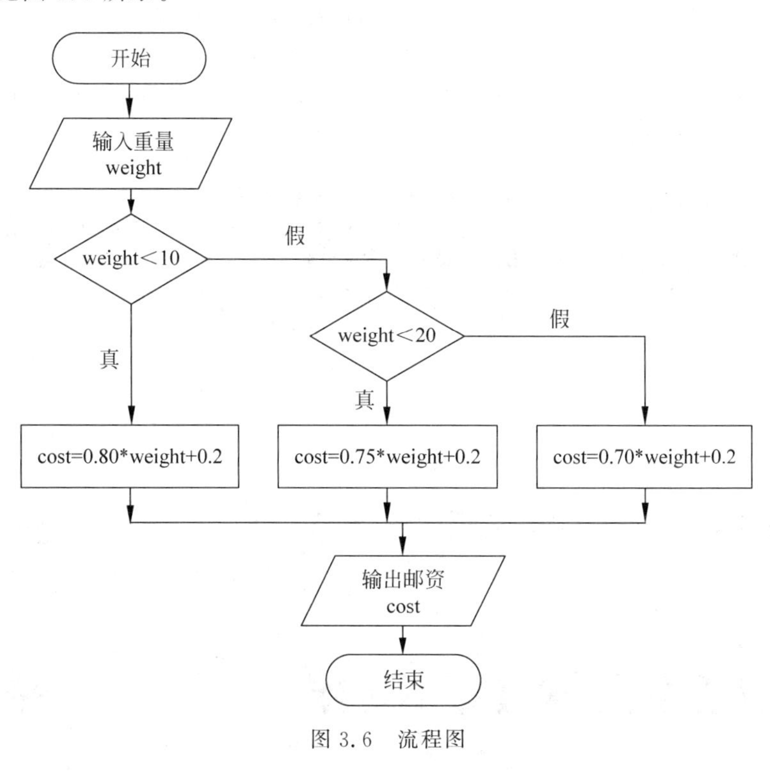

图 3.6　流程图

【参考程序】

```
#include<stdio.h>
void main()
{
    float weight, cost;
    printf("Enter weight: \n");
    scanf("%f", &weight);
    if(weight<10)
        cost = 0.80 * weight + 0.2;
    else if(weight<20)
        cost = 0.75 * weight + 0.2;
    else
        cost = 0.70 * weight + 0.2;
    printf("Delivery cost is %.2f\n",cost);
}
```

【说明】

(1) 单击如图3.7所示的“添加或移除按钮”菜单中的“自定义”命令,弹出如图3.8所示的“自定义”对话框,选中“工具栏”下的“调试”选项,主界面将显示调试工具栏(如图3.9所示);或者此步骤直接单击主菜单上的“调试”按钮,会显示出调试的各个功能步骤。

(2) 程序调试开始,单击调试工具栏中的按钮(逐语句(F11))。该按钮的功能是单步执行,即单击一次执行一行(如图3.10所示),编辑窗口中的箭头指向某一行,表示程序将要执行该行。图3.10中下方是局部变量窗口和监视窗口,在监视窗口中可以改变变量的值。

(3) 单击按钮(逐语句(F11))两次,程序执行到输入语句这一行(如图3.11所示),同时运行窗口(图3.12)显示Enter weight:,继续单击按钮(逐语句(F11)),在运行窗口中输入25(图3.13),按Enter键后,箭头指向了if(weight<10)这一行(如图3.14所示),在局部变量窗口中可以看到变量weight的值是25.000000。

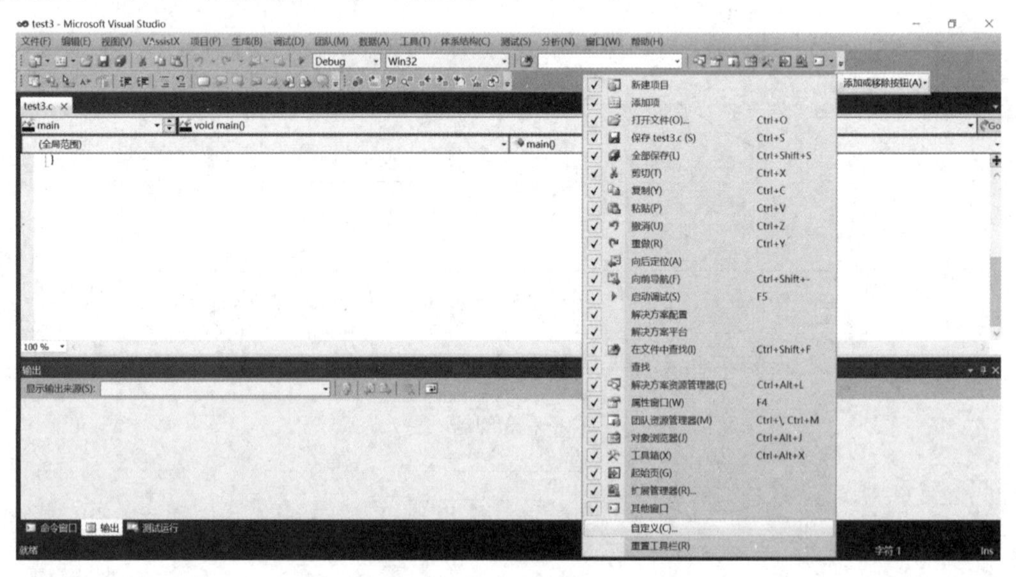

图3.7 选择工具栏

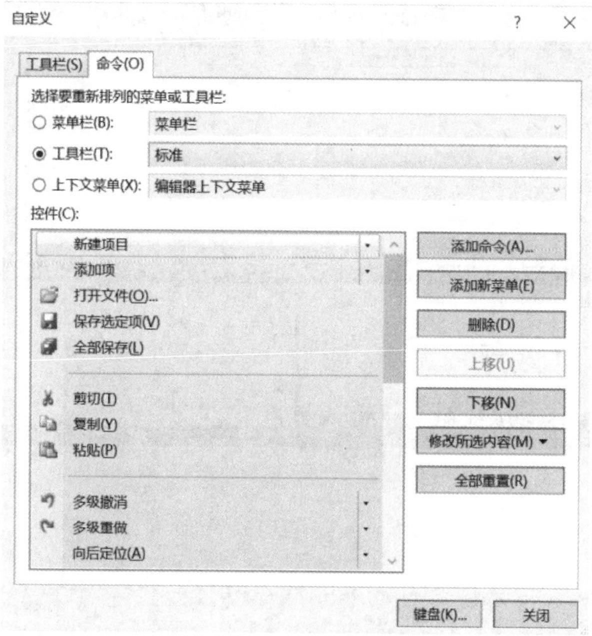

图 3.8 “自定义”对话框

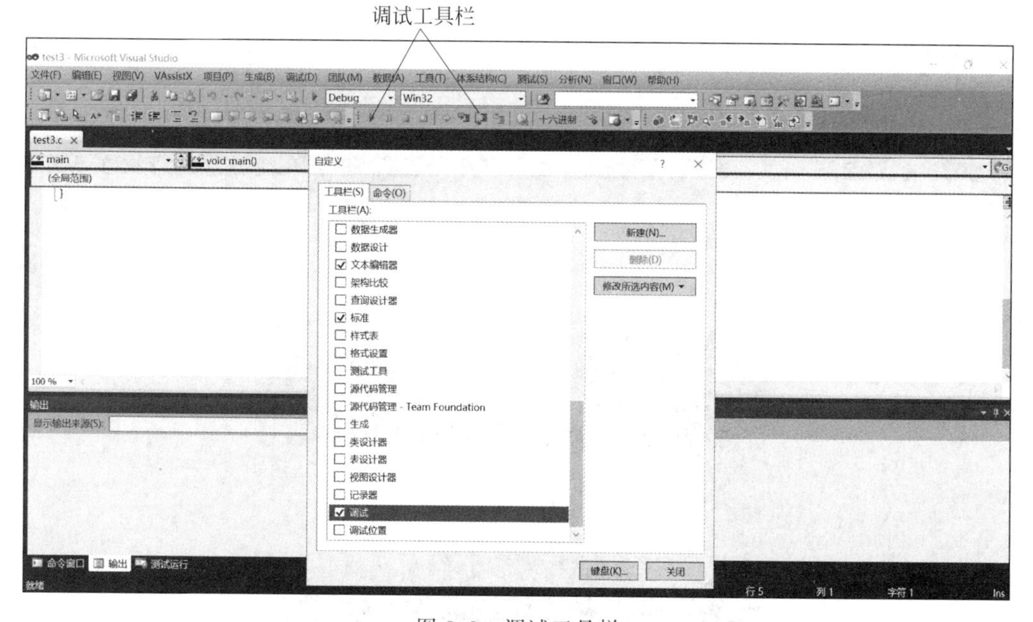

图 3.9 调试工具栏

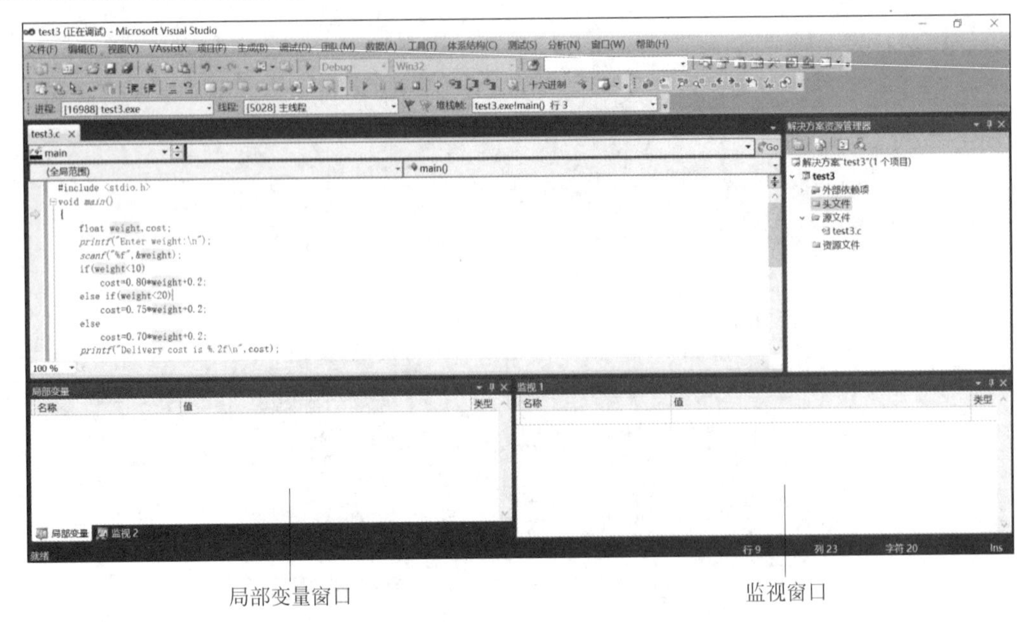

图 3.10　程序调试开始

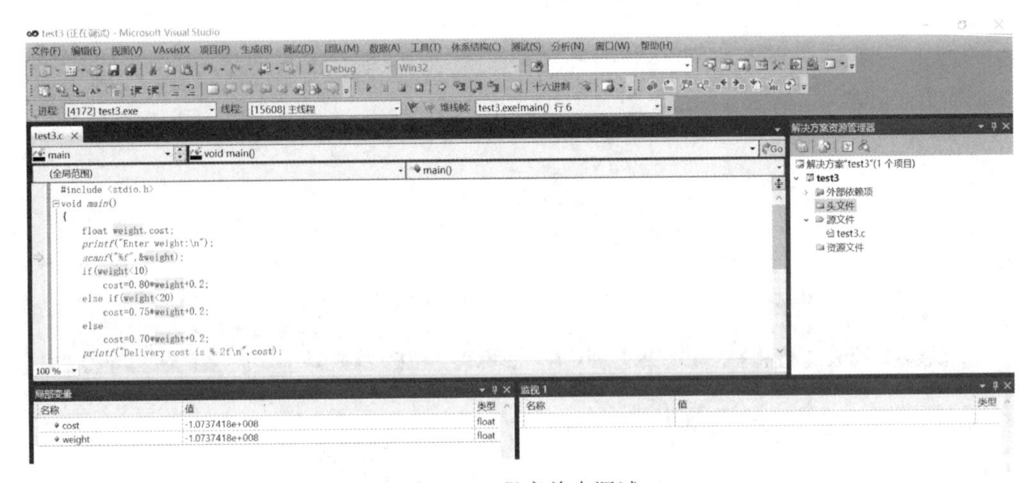

图 3.11　程序单步调试

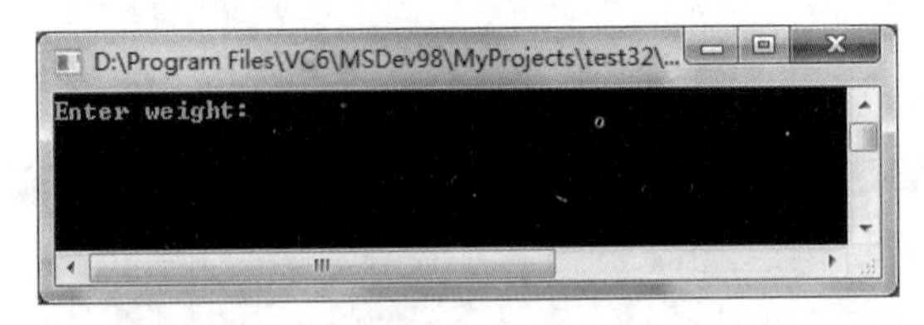

图 3.12　运行窗口

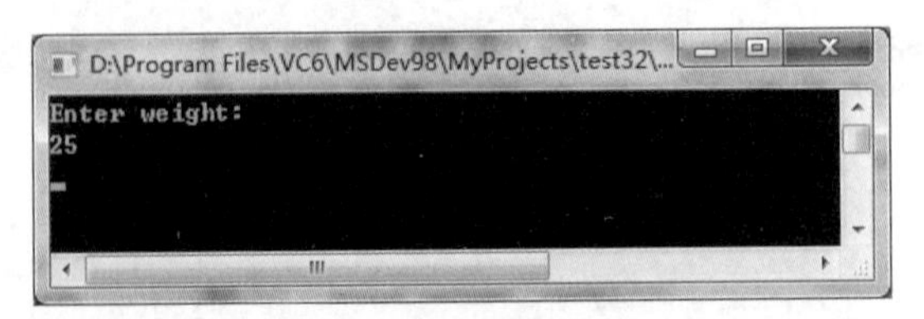

图 3.13　在运行窗口中输入变量 weight 的值

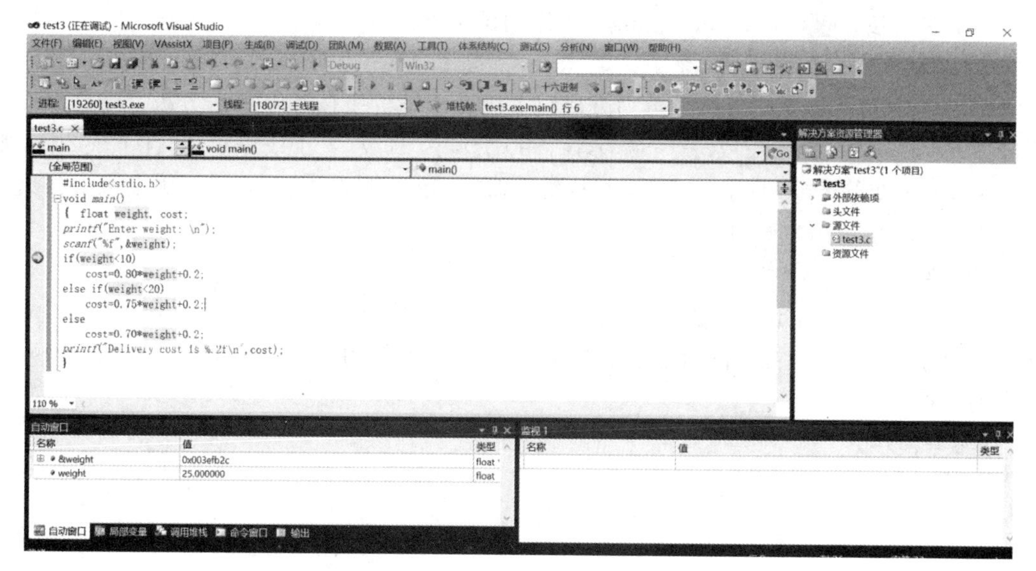

图 3.14　程序单步调试，显示变量 weight 的值

(4) 继续单击按钮（Step Over）三次，箭头指向 printf 这一行（如图 3.15 所示），在变量窗口可以看到变量 cost 的值为 17.700001。

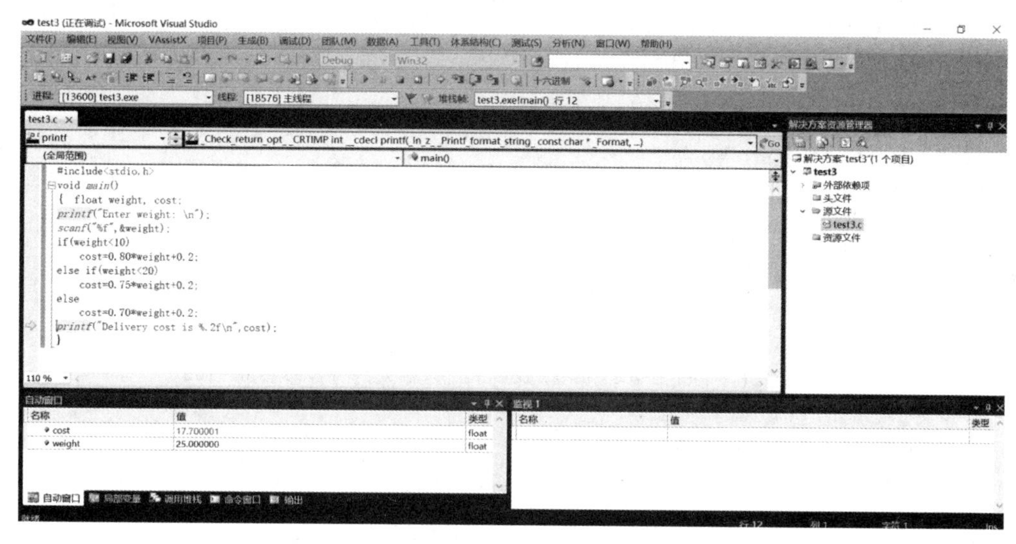

图 3.15　程序单步调试

(5) 继续单击按钮（Step Over），运行窗口显示运行结果（如图 3.16 所示）。

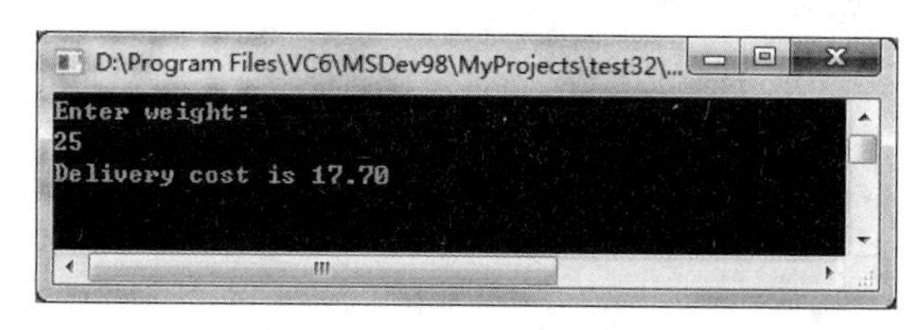

图 3.16　在运行窗口中显示结果

(6) 单击按钮(Stop Debugging),程序调试结束。

3. 编制程序

该程序的功能是根据考试分数划分成绩等级。成绩等级按如下方法分级：分数大于或等于90分的为A级,大于或等于80且小于90分则为B级,大于或等于70且小于80分则为C级,大于或等于60且小于70分为D级,如果分数小于60则为E级。假设考试分数均为整数,要求用switch语句实现。

【指导】

算法分析：首先,定义一个整型变量score,保存考试分数；然后,用score除以10,结果为一个介于0～10的整数,再用这个结果作为switch语句的表达式的值,与不同的case分支进行匹配。

【参考程序】

```
#include <stdio.h>
int main()
{   int score;                                       //存放考试分数的变量
    int n;
    char grade;                                      //存放成绩等级
    scanf("%d", &score);                             //输入考试成绩
    n = score/10;
    switch (n)                                       //判定成绩等级
    {   case 10:
        case 9: grade = 'A'; break;
        case 8: grade = 'B'; break;
        case 7: grade = 'C'; break;
        case 6: grade = 'D'; break;
        case 5:
        case 4:
        case 3:
        case 2:
        case 1:
        case 0: grade = 'E'; break;
        default: printf("Input error!\n"); return; //输入的分数不在0～100
    }
    printf("Grade is %c\n",grade);                   //输出成绩等级
    return 0;
}
```

3.3.2 程序分析

运行下面的程序,分析运行结果。

```
#include <stdio.h>
int main()
{    int x=1,y=0,a=0,b=0;
     switch(x)
     {    case 1:
               switch(y)
               {    case 0:   a++;   break;
```

```
                case 1:  b++;  break;
            }
        case 2:  a++;b++; break;
        case 3:  a++;b++;
    }
    printf("\na = %d,b = %d",a,b);
    return 0;
}
```

【指导】

(1) 输入程序源代码,编译、连接后运行程序,显示程序的结果为:a=2,b=1。

(2) 对程序运行结果的分析:这是一个 switch 语句的嵌套形式。外层 switch 中,x 的值为 1,所以进入 case 1 分支中,即执行内层 switch 语句。在内层 switch 中,y 的值为 0,进入内层 switch 的 case 0 分支,此时执行 a++,a 的值变为 1,然后执行 break 语句。由于 break 只能终止并跳出最近一层的 switch 语句,所以此处的 break 是跳出了内层的 switch 语句。在外层 switch 语句中,case 1 分支中并没有 break 语句,因此会继续执行 case 2 分支中的语句组,执行了 a++和 b++后,a 的值变为了 2,b 的值变为 1,在此处遇到了 break 语句终止并跳出了外层的 switch 语句。因此,最后输出 a 和 b 的值分别为 2 和 1。

3.4 思 考 题

(1) 企业发放的奖金根据利润提成,用 switch 语句实现。利润 I 低于(含等于)100 000 元的,奖金可提 10%;利润高于 100 000 元,低于(含等于)200 000 元时,低于 100 000 元的部分按 10%提成,高于 100 000 元的部分,可提成 7.5%;当 200 000 元<I≤400 000 元时,低于 200 000 元的部分仍按上述办法提成(下同),高于 200 000 元的部分按 5%提成;当 400 000 元<I≤ 600 000 元时,高于 400 000 元的部分按 3%提成;当 600 000 元<I≤1 000 000 元时,高于 600 000 元的部分按 1.5%提成;当 I>1000 000 元时,超过 1000 000 元的部分按 1%提成。从键盘输入当月利润 I,求应发奖金总数。

(2) 输入三角形三条边 a, b, c 的值,判断这三条边能否构成三角形。若能,还要显示该三角形是等边三角形、等腰三角形、直角三角形或任意三角形。

提示:判断构成三角形的条件是任意两边之和大于第三边。

(3) 编写程序计算存款的本金合计。已知银行整存整取存款不同期限的利率分别为:半年 2.55%,一年 2.75%,二年 3.35%,三年 4.00%,五年 4.75%。要求输入存钱的本金和期限,输出到期时的本金和利息合计。

提示:利用输入函数分别输入本金和存款年限。使用 switch 语句处理不同期限的情况,根据本金及相应的利率算出利息。注意,switch 语句中的表达式类型必须是整型或字符型,对于半年(0.5 年)的情况,应在 switch 语句外单独处理。

(4) 编写程序计算飞机票款。输入舱位代码和购票数量,输出总票款。

提示:国内客票的舱位等级主要分为头等舱(舱位代码为 F)、公务舱(舱位代码为 C)、经济舱(舱位代码为 Y);经济舱里面又分不同的座位等级(舱位代码为 B、H、K、L、M、N、Q、T、X 等,价格也不一样)。票价规则为:F 舱为头等舱公布价,C 舱为公务舱公布价,Y 舱为普通舱(经济舱)公布价,B舱为普通舱9折,H舱为普通舱8.5折,K舱为普通舱8折,L舱为普通舱7.5折,M舱为普通舱7折,N舱为普通舱6.5折,Q舱为普通舱6折,T舱为普通舱5.5折,X舱为普通舱5折。程序首先输入F舱、C舱和Y舱的公布价,然后输入舱位代码和购票数量,利用switch语句处理不同折扣的情况,计算出机票款并输出。输入、输出都要有文字说明,结果取2位小数。

(5) 编写程序,计算并输出分段函数的值。

$$y=\begin{cases} x^2+x-6, & x<0 \\ x^2-5x, & 0\leqslant x<5 \\ x^3-1, & \text{其他} \end{cases}$$

第4章 循环结构程序设计

4.1 相关知识点

1. while 语句

(1) 一般形式。

```
while(表达式)
{
    循环体语句组;
}
```

while 后括号里的表达式不能为空,它是判断循环是否继续的条件,可以是 C 语言中任意合法的表达式,通常为关系表达式或逻辑表达式,但也可以是其他运算表达式。当表达式值为零时,表示条件为假;表达式值为非零时,表示条件为真。

如果第一次计算时表达式的值就为 0,则循环语句一次也不被执行,流程直接跳过 while 语句,执行下一条语句。

循环体可以是一条简单的可执行语句,也可以是复合语句,即循环体内若有多条语句,需要用{}括起来。

(2) 执行过程。

① 求解"循环继续条件"表达式。如果其值为非 0(真),转②;否则转③;

② 执行循环体语句组,然后转①;

③ 执行 while 语句的下一条。

while 循环流程图见图 4.1。

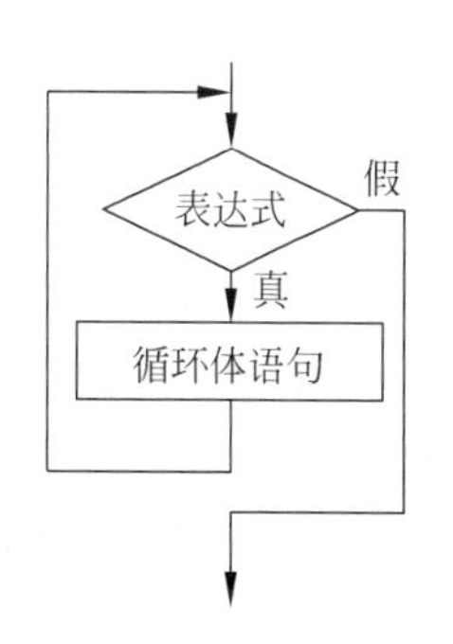

图 4.1 while 循环流程图

2. do-while 语句

(1) 一般形式。

```
do
{
    循环体语句组;
}
while(表达式);                /* 本行的分号不能缺省 */
```

do 是 C 语言的关键字,必须和 while 联合使用。循环由 do 开始,至 while 结束。while 后的";"不能丢,它表示 do-while 语句的结束。

do-while 语句比较适用于处理：不论条件是否成立，先执行 1 次循环体语句组的情况。除此之外，do-while 语句能实现的情况，while 语句和 for 语句也能实现。

(2) 执行过程。

do-while 循环语句的特点是：先执行循环体语句组，然后再判断循环条件。

执行过程为：

① 执行循环体语句组；

② 计算"循环继续条件"表达式。如果"循环继续条件"表达式的值为非 0(真)，则转向①继续执行；否则，转向③；

③ 执行 do-while 的下一条语句。

do-while 循环流程图见图 4.2。

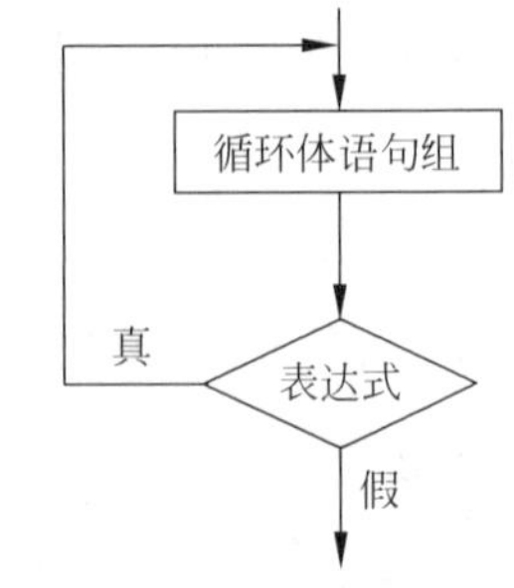

图 4.2　do-while 循环流程图

3. for 语句

(1) 一般形式。

```
for(表达式 1; 表达式 2; 表达式 3)
{
    循环体语句组;
}
```

表达式 1 可以省略，但后面的分号不能省略，此时应在 for 语句之前给循环变量赋初值。如果省略表达式 2，表示条件始终为真，循环将无终止。如果省略表达式 1 和 3，此时完全等价于 while 语句。for 语句的循环语句可以是空语句，用来实现延时的功能，但是后面的分号不能省略。

for 循环等价于：

```
表达式 1;
while(表达式 2)
{
    循环体;
    表达式 3;
}
```

(2) 执行过程。

一般用法：

```
for([变量赋初值]; [循环继续条件]; [循环变量增值])
{
    循环体语句组;
}
```

① 求解"变量赋初值"表达式；

② 求解"循环继续条件"表达式。如果其值非 0(真)，执行③；否则，转至④；

③ 执行循环体语句组，并求解"循环变量增值"表达式，然后转向②；

④ 执行 for 语句的下一条语句。

for 循环流程图见图 4.3。

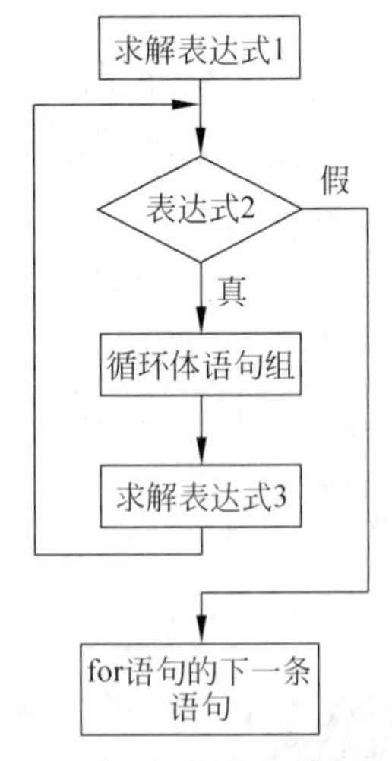

图 4.3　for 循环流程图

"变量赋初值""循环继续条件"和"循环变量增值"部分均可缺省,甚至可以全部缺省,但其间的分号不能省略。"变量赋初值"表达式,既可以是给循环变量赋初值的赋值表达式,也可以是与此无关的其他表达式(如逗号表达式)。"循环继续条件"部分是一个逻辑量,除一般的关系(或逻辑)表达式外,也允许是数值(或字符)表达式。

4. 循环结构的嵌套

在一个循环体内又完整地包含了另一个循环,称为循环嵌套。循环的嵌套可以有多层,但是第一层循环在逻辑上必须是完整的。三种循环可互相嵌套,层数不限,外层循环可包含两个以上的内循环,但不能相互交叉。

5. break 在循环结构中的应用

break 语句功能:在循环语句或 switch 语句中,中止并跳出循环体或开关体。

只能在循环体内或 switch 语句体内使用 break 语句。

break 只能终止并跳出最近一层的循环结构,即从当前循环层中跳出;当 break 出现在循环体中的 switch 语句体内时,在执行 break 后,只是跳出本层 switch 语句体。

6. continue 在循环结构中的应用

continue 语句功能:结束本次循环,跳过循环体中尚未执行的语句,进行下一次是否执行循环体的判断。

continue 仅用于循环语句中,作用只是结束循环结构中的本次循环,并非跳出整个循环过程。对 while 和 do-while 语句,遇 continue 语句后,转向执行 while 之后圆括号内的条件表达式的判断。对于 for 语句,遇 continue 语句后,转到 for 括号内的表达式 3 去执行。执行 continue 语句并没有使整个循环终止。

4.2 实验目的

(1) 使用循环结构编制程序,熟练掌握 while、do-while、for 三种循环语句的结构与使用方法。

(2) 熟悉循环嵌套形式、从循环体内退出的处理,掌握 break、continue 语句的作用及在循环中的应用。

4.3 实验内容

4.3.1 程序设计

1. 编制程序

一个球从 100 米高度自由下落,每次落地后反跳回原来高度的一半,再落下。求它在第 10 次落地时,共经过多少米?落地 10 次后反弹高度是多少?请编写程序解决此问题。

【指导】

这个问题可以用“递推法”解决。“递推法”也叫“迭代法”,其基本思想是把一个复杂的计算过程转化为简单过程的多次重复。每次重复都从旧值的基础上递推出新值,并由新值代替旧值。递推法的主要步骤为:

(1) 确定初始值,这是循环开始的条件。

(2) 找出递推或迭代公式,这是反复递推的过程。

算法分析:

(1) 确定两个初始值:用s表示小球经过的距离,第一次落地时,s=100;x表示小球落地后反弹的高度,第一次落地反弹时,x=50。

(2) 递推公式为:s=s+2x和x=x/2,它们分别计算其后各次小球落地时经过的距离和反弹的高度,直到第10次为止。

【参考程序】

```
#include <stdio.h>
main()
{
    float s = 100, x = 50;
    int i;

    for (i = 2; i <= 10; i++)
    {
        s = s + 2 * x;
        x = x/2;
    }
    printf("s = %.2f     x = %.4f\n", s, x);
}
```

2. 编制程序

将一个正整数n分解成质因子的乘积。例如,132=2*2*3*11。

【指导】

算法分析:

(1) 从2开始,查找质因子factor,即n能被factor整除。

(2) 若找到第一个质因子,则按n=factor的形式输出,然后继续查看整除后的商能否继续被factor整除,若能整除,将它作为相同的质因子保留下来,并按“*factor”的形式输出,如此直到不能整除时进入(3)。

(3) 通过factor+1查找下一个质因子,若该质因子不大于当前的n,则继续执行(2);否则,程序运行结束。

由于在步骤(2)中已经考虑了存在多个相同质因子的情况,因此,在步骤(3)中通过factor++来得到下一个因子,只要当前的n能被某个factor整除,该factor必定是质因子。

【流程图】

程序流程图见图4.4。

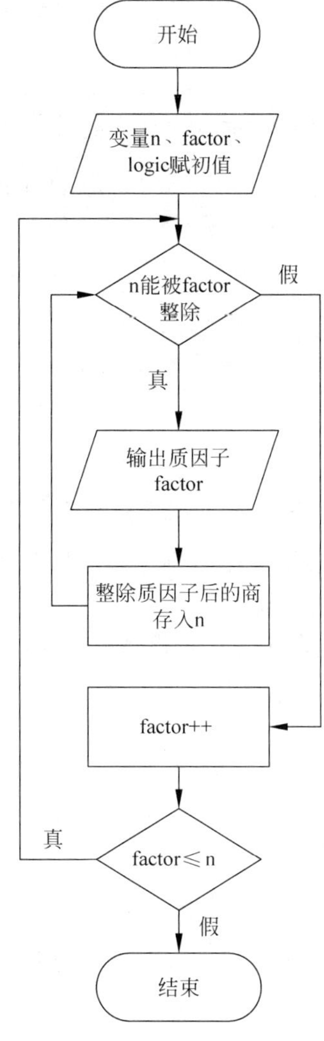

图 4.4　程序流程图

【参考程序】

```
#include <stdio.h>
main()
{
    int n,factor,logic;
    printf("请输入要分解的正整数:\n");
    scanf("%d",&n);                        /*输入正整数*/
    factor=2;                              /*最小的质因子*/
    logic=1;                               /*标志第一个质因子*/
    do
    {
        while(n%factor==0)
        {
            if (logic)
            {
```

```
                printf("%d=%d",n,factor);       /*第一个质因子的输出格式*/
            }
            else
            {
                printf("*%d",factor);           /*非第一质因子的输出格式*/
            }
            n=n/factor;                         /*得到整除质因子后的商*/
            logic=0;                            /*标志该质因子已不是第一个质因子*/
        }
        factor++;                               /*下一个质因子*/
    }while(factor<=n);
}
```

4.3.2 程序填空

编程计算 $sum=1+\frac{1}{2}+\frac{1}{4}+\frac{1}{7}+\frac{1}{11}+\frac{1}{16}+\frac{1}{22}+\frac{1}{29}+\cdots$,当累加项的值小于 10^{-4} 时结束。设各项序号从0计数,第0项分母为1,则从第1项开始,其分母均为本项序号与前一项分母之和,用三种循环语句实现的程序如下。

请在程序的下画线处填入正确的内容并删除下画线,使程序得出正确的结果。注意:不得增行或删行,也不得更改程序的结构!

【程序填空】

(1) 用for循环实现。

```
#include <stdio.h>
main()
{
    int n;                                      //n为项序号
    float s,t=1,x;                              //s为级数和,t为各项分母,x为分数
    x=1/t;
    for(____【1】____)
    {
        s=s+x;
        t=t+n;
        x=1/t;
    }
    printf("sum=%.2f\n",s);                     //输出累加和
}
```

(2) 用while循环实现。

```
#include <stdio.h>
main()
{
    int n=0;                                    //n为项序号
    float s=0,t=1,x;                            //s为级数和,t为各项分母,x为分数
    x=1/t;
    while(____【2】____)
    {
        s=s+x;
```

```
        n = n + 1;
        t = t + n;
        x = 1/t;
    }
    printf("sum = %.2f\n",s);                    //输出累加
}
```

(3) 用 do-while 循环实现。

```
#include <stdio.h>
main()
{
    int n = 0;                                   //n为项序号
    float s = 0,t = 1,x;                         //s为级数和,t为各项分母,x为分数
    x = 1/t;
    do
    {
        s = s + x;
        n = n + 1;
        t = t + n;
        x = 1/t;
    }while(    【3】    );
    printf("sum = %.2f\n",s);                    //输出累加和
}
```

【参考答案】

【1】n=1,s=0;x>=1e−4;n++或 n=1,s=0;1/t>=1e−4;n++

【2】x>=1e−4 或 1/t>=1e−4

【3】x>=1e−4 或 1/t>=1e−4

注意区分三种循环语句条件的区别。

4.4 思 考 题

(1) 编写程序实现从低位开始取出长整型变量 s 中偶数位上的数,依次构成一个新数放在变量 t 中,如:s 为 12345,取出偶数位构成新数 42。

(2) 编写程序求一个四位数的各位数字的三次方和。

(3) 编写程序求 2!+4!+6!+…+2n!的和。

(4) 编写程序求给定正整数 m 以内的素数之和。

(5) 编写程序求 sum=d+dd+ddd+…+dd…d(n 个 d),其中 d 为 1 到 9 之间的自然数。

例如:3+33+333+3333+33333(此时 d=3,n=5),d 和 n 在主函数中输入。

(6) 编写程序求 1 到 100 之间的偶数之积。

(7) 编写程序求 1 到 w 之间的奇数之和(w 是大于或等于 100 小于或等于 1000 的整数)。

(8) 编写程序计算 k 以内最大的 10 个能被 13 或 17 整除的自然数之和。

(9) 编写程序求一分数序列 2/1,3/2,5/3,8/5,13/8,21/13,…的前 n 项之和。

(10) 编写程序找出一个大于给定整数且紧随这个整数的素数。

第5章　函　数

5.1　相关知识点

1. 函数的概述

(1) 函数是C语言中模块化程序设计的最小单位，是构成C程序的基本模块。一个C程序可以由一个或多个源程序文件组成，一个源程序文件又可以由一个或多个函数组成。

(2) C语言程序的执行从main()函数开始，无论调用多少函数，最终在main()函数中结束整个程序的运行。

(3) C程序的所有函数之间都是平行关系，不存在函数的嵌套定义。

(4) 从用户的角度对函数分类：

① 标准库函数：由编译系统提供；

② 用户自定义函数：解决用户的专门需要。

(5) 从函数的参数角度对函数分类：

① 无参数函数：函数定义与调用时不涉及参数，只用于执行指定的一组操作；

② 有参数函数：主调函数可以将数据传给被调用函数使用，被调用函数中的数据也可以带回给主调函数使用。

2. 函数的定义

函数的定义是指对函数功能的确立，包括定义函数名、函数返回值类型、函数形参及其类型、函数体等，和使用变量名一样，函数在使用之前必须先定义。

(1) 无参数函数定义的基本格式。

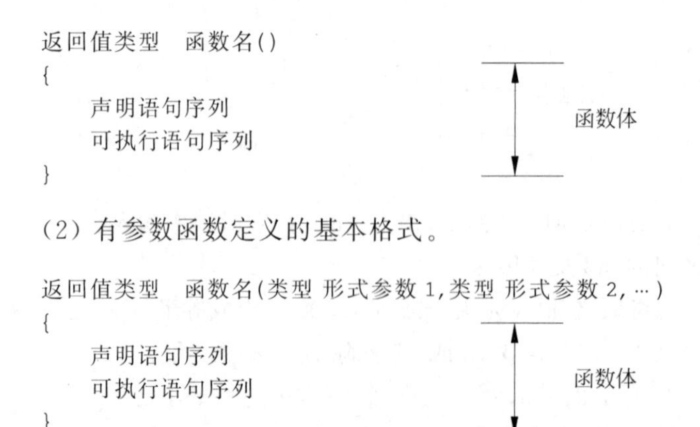

(3) 函数定义的说明：

① 函数名是函数的唯一标识，用于说明函数的功能，代表此函数在内存中的起始位置。函数名标识符的命名规则与变量的命名规则相同；

② 函数体必须用一对花括号包围，花括号{}是函数体的定界符。在函数内部定义的变量只能在函数体内访问，称为内部变量；

③ 函数头部参数表里的变量，称为形式参数(简称形参)，也是内部变量，即只能在函数体内访问，形式参数的个数和类型均由函数的功能来决定，形参变量只有在函数被调用时才占用内存空间，调用结束后所占空间即被释放。实参对形参的传递数据是单向传递(值传递)；

④ 可以定义空函数，即函数体无任何语句；

⑤ 函数的类型是指函数返回值的类型(缺省时为整型)。若不返回任何值，则应将其类型定义为 void 类型，它告诉编译器，该函数不接收来自调用程序的任何数据；

⑥ 函数的返回值是通过函数体中的 return 语句来完成的，return 语句用来指明函数将返回给主调函数的值是什么，只要执行到它，就立刻返回函数的调用者，return 后的表达式值即函数的返回值。注意，函数中的 return 语句可以有多个，但执行到一个 return 语句即立刻返回函数调用者，并且 return 语句一次也只能返回一个值，其返回值的数据类型应与函数定义时的返回值类型一致，如不一致，以函数定义的返回值类型为准。

3. 函数调用的一般形式

(1) 函数调用的一般形式：函数名(实参表列)。

(2) 函数调用方式：

① 函数语句：将函数调用单独作为一条语句，如 printf("book")；

② 函数表达式：函数调用出现在另一个表达式中，如 c=2 * max(a,b)；

③ 函数参数：函数调用作为另一个函数调用时的参数，如 m=max(a,max(b,c))。

(3) 函数调用时，实参的数量必须与形参相等，它们的类型必须匹配。

4. 对被调用函数的声明

(1) 被调用函数必须是一个已经存在的函数。

(2) 如果使用库函数应在文件头加上 #include 命令，以便将有关的库函数所在的头文件包含到本源程序文件中来。

(3) 对于用户自定义函数，函数的定义部分应出现在该函数被调用之前。否则，在调用函数之前应作引用性声明。

(4) 引用性声明的方法：

```
返回值类型  函数名(形式参数定义表);
```

如：int add(int x,int y)；

函数声明中形式参数 x,y 的变量名可以省略，但形式参数的类型不能省略。

5. 函数的嵌套调用

所谓函数的嵌套调用是指一个函数在被调用时其本身又调用了其他函数。

6. 函数的递归调用

在调用一个函数的过程中，直接或间接地调用函数自身叫作函数的递归调用，分为直接递归调用和间接递归调用。不论是直接递归调用还是间接递归调用,必须有一个使调用终止的条件,不然的话调用将陷入无终止状态。

7. 变量的作用域

程序中被花括号括起来的区域叫做语句块,变量的作用域规则是:每个变量仅在定义它的语句块(包含下级语句块)内有效。

(1) 局部变量:在一个语句块内定义的变量,称为局部变量,其作用范围为该语句块内部。主函数中定义的变量也只在主函数中有效;不同的函数中可以定义相同的变量名,它们代表不同的局部变量,系统为其分配的内存地址是不相同的;形参也是局部变量,在定义它的函数内有效。

(2) 全局变量:不在任何语句块内定义的变量称为外部变量(或叫做全局变量)。其作用域为整个程序。如果想在全局变量的定义点之前引用该全局变量,需要用关键字 extern 作提前引用说明。全局变量可以被本源程序文件的所有函数共享,一个函数对全局变量的值的改变将会影响到其他函数对该变量的引用;当全局变量名与局部变量名相同时,则在该局部变量的有效范围内全局变量被屏蔽。

8. 变量的存储类型

变量定义的一般形式为:存储类型 数据类型 变量名;

(1) 用户使用的内存空间分为:

① 程序区:存放程序的代码;

② 常量存储区:存放程序中的常量;

③ 静态存储区:存放全局变量和静态的局部变量;

④ 动态存储区:存放函数的局部变量、函数的形参变量、函数调用时的现场保护和返回地址等。

(2) 变量的存储类型:指编译器为变量分配内存的方式。

① 自动变量(auto):语句块中定义的变量不作特殊说明都为自动局部变量,存储在动态存储区,当语句块调用结束后,它们所占用的存储空间即被释放,例如函数内部定义的变量就是局部变量,每次进入函数时都为其重新分配内存空间,函数结束时,释放为其分配的空间。自动变量在定义的时候不会自动初始化,因此,如果不对其赋初值,则它的值是一个不确定的值;

② 静态变量(static):存储在静态存储区。函数内定义的静态变量称为静态局部变量,静态局部变量只能在定义它的函数内被访问,但其值在函数调用结束后不消失而保留原值。局部静态变量是在编译时赋初值的,在定义时如果不赋初值,编译时系统自动赋初值 0;

③ 寄存器变量(register):寄存器变量就是用寄存器存储的变量,现代编译器能自动优化程序,自动把普通变量优化为寄存器变量,一般无须特别声明变量为 register;

④ 外部变量(extern):即全局变量,在所有函数的外部定义的变量,它可以被程序中的所有函数所引用,但如果要在定义点之前或者在其他文件中使用它,需要使用关键字 extern 对其进行引用性说明。外部变量保存在静态存储区中,在程序运行期间分配固定的存储单元,其生存期是整个程序的运行期。没有显示初始化的外部变量由编译程序自动初始化为 0。

9. 内部函数与外部函数

(1) 内部函数：在函数定义时加上 static，即

```
static 返回值类型  函数名(形参表)
```

内部函数又称为静态函数，这样的函数只限在所在的文件中调用。

(2) 外部函数：在函数定义时加上 extern，即

```
extern 返回值类型  函数名(形参表)
```

函数被冠以 extern 说明函数为外部函数，可以被其他文件中的函数所调用，当一个函数在定义时未说明 static 时，隐含的类型为 extern。

5.2 实验目的

(1) 掌握 C 语言中定义函数的方法。
(2) 掌握函数间参数传递和返回值传递的方法。
(3) 掌握函数嵌套调用和递归调用的方法。

5.3 实验内容

5.3.1 程序设计

1. 编制程序

验证哥德巴赫猜想：任何一个不小于 6 的偶数均可表示为两个奇素数之和。例如 6=3+3，8=3+5，…，18=5+13。将 6～100 的偶数都表示成两个奇素数之和，输出时一行打印 5 组。

【指导】

这个问题是德国数学家哥德巴赫(C. Goldbach，1690—1764)于 1742 年 6 月 7 日在给大数学家欧拉的信中提出的，所以被称作哥德巴赫猜想。同年 6 月 30 日，欧拉在回信中认为这个猜想可能是真的，但他无法证明。现在，哥德巴赫猜想的一般提法是：每个大于等于 6 的偶数，都可表示为两个奇素数之和；每个大于或等于 9 的奇数，都可表示为三个奇素数之和，其实，后一个命题就是前一个命题的推论，18 和 19 世纪，所有的数论专家对这个猜想的证明都没有作出实质性的推进，直到 20 世纪才有所突破。1966 年，我国年轻的数学家陈景润，在经过多年潜心研究之后，成功地证明了"1+2"，也就是“任何一个大偶数都可以表示成一个素数与另一个素因子不超过 2 个的数之和”。这是迄今为止，这一研究领域最佳的成果，距摘取这颗“数学王冠上的明珠”仅一步之遥，在世界数学界引起了轰动。"1+2" 也被誉为陈氏定理。

数学上证明哥德巴赫猜想很难，但利用计算机的强大计算能力验证哥德巴赫猜想却很容易，用穷举算法可以对一个不小于 6 的偶数进行验证，算法是：对不小于 6 的偶数 n，x 从最小奇素数 3 开始，判断 x 是否为素数，如果 x 为素数，则 y=6-x，再判断 y 是否是素数，如果是，则找到。程序需要多次判断一个数是否为素数，所以设计 prime()函数来判断一个数是否为素数，是则返回值 1，否则返回值 0。

【流程图】

prime()函数流程图见图5.1。

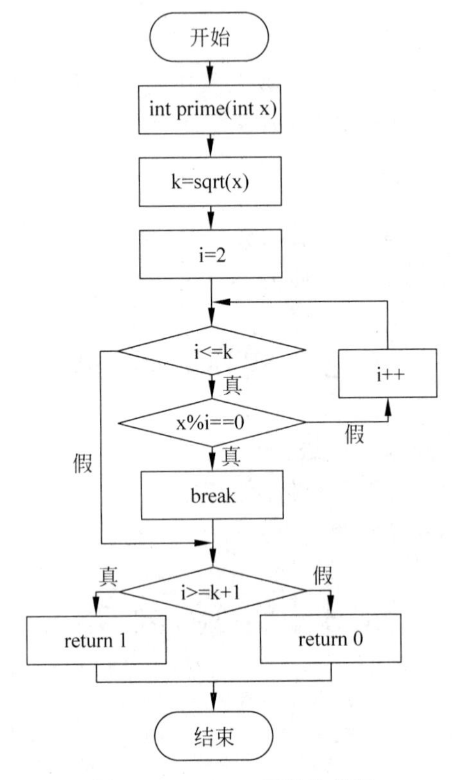

图5.1　prime()函数流程图

主函数流程图见图5.2。

【参考程序】

```
#include <stdio.h>
#include <math.h>

int prime(int x)          //判断x是否为素数,是返回值1,否则返回值0
{
    int i,j,k;
    k = sqrt(x);
    for(i = 2;i <= k;i++)
    {
        if(x % i == 0)
            break;
    }
    if(i >= k + 1)
        return 1;
    else
        return 0;
}
```

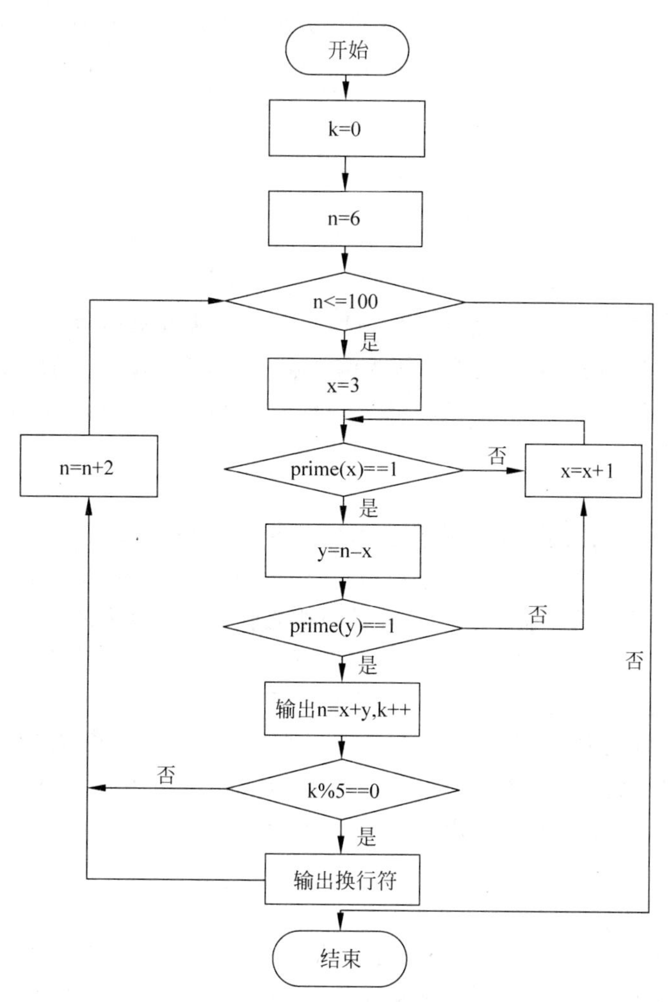

图 5.2 主函数流程图

```
int main()
{
    int n,i,j,k = 0,x,y;
    for(n = 6;n < = 100;n = n + 2)           //从 6 开始对每个偶数求解
    {
        for(x = 3;;x = x + 2)                //从最小奇素数 3 开始,对每个奇数进行试验
        {
            if(prime(x) == 1)                //调用函数判断 x 是否为素数
            {
                y = n - x;                   //如果 x 为素数,则求 y
                if(prime(y) == 1)            //调用函数判断 y 是否为素数
                {
                    printf(" %2d = %2d + %2d ",n,x,y);     //x,y 均为素数,输出
                    k++;
                    if(k % 5 == 0)           //用 k 作为计数器,来判断是否换行
                        printf("\n");
```

```
                    break;     //如果 x,y 均为素数,输出后跳出循环,求解下 1 个偶数
                }
            }
        }
    }
    return 0;
}
```

【说明】

主函数中的第二个 for 循环语句,没有循环条件,意味着永远为真,但程序不会出现死循环,原因是不小于 6 的偶数肯定能分解为两个素奇数之和,执行完输出 x,y 的值后会执行 break 语句来跳出循环。大家可以试着把不小于 6 的偶数分解为两个奇素数之和的功能写成 1 个独立的函数。

2. 编制程序

请编制程序计算飞机超重行李费用。每位旅客的免费行李额:持成人或儿童客票的头等舱(舱位代码为 F)旅客为 40kg,公务舱(舱位代码为 C)旅客为 30kg,经济舱旅客(舱位代码为 Y)为 20kg。搭乘同一航班前往同一目的地的两个(含)以上的同行旅客,如在同一时间、同一地点办理行李托运手续,其免费行李额可以按照各自的客票价等级标准合并计算,超重行李费率以每公斤按超重行李票填开当日所适用的单程直达经济舱正常票价的 1.5% 计算,收费总金额以元为单位,尾数四舍五入。现要求设计一个函数求超重行李需要的费用,在主函数中输入旅客的人数,舱位(假设同行的旅客的舱位相同),行李重量,经济舱正常票价,在主函数中输出超重行李费用。(头等舱舱位代码为 F、公务舱舱位代码为 C、经济舱舱位代码为 Y。)

【指导】

该题目比较简单,除主函数外,还设计了两个函数,rounding()函数是对一个浮点数进行四舍五入操作,overweight()函数是求超重行李的费用。我们将不同舱位旅客所能携带的免费行李额和超重行李费率定义为符号常量。

【流程图】

rounding()函数流程图见图 5.3。

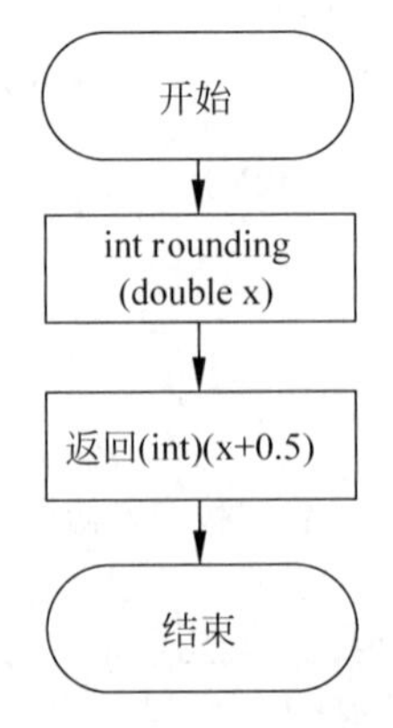

图 5.3　rounding()函数流程图

overweight()函数流程图见图 5.4。

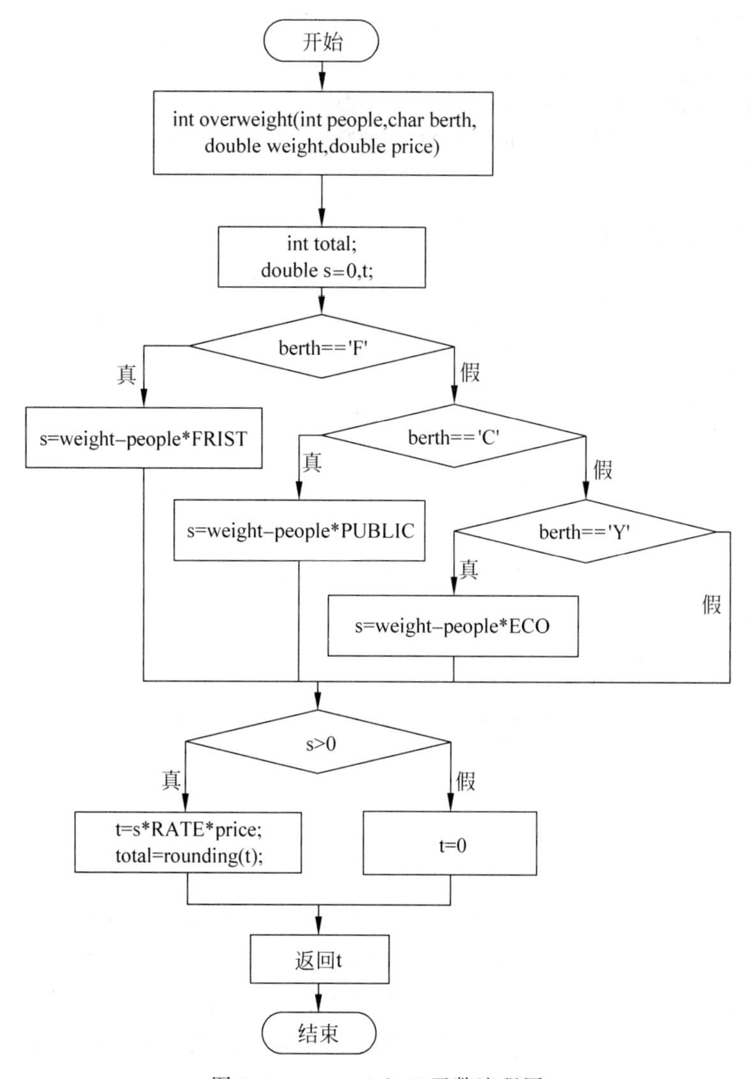

图 5.4 overweight()函数流程图

主函数流程图很简单，所以省略。

【参考程序】

```
#include <stdio.h>
#define FRIST 40
#define PUBLIC 30
#define ECO 20
#define RATE 0.015
int rounding(double x)            //四舍五入
{
    return (int)(x + 0.5);
}

int overweight(int people,char berth,double weight,double price)   //计算超重行李
```

```
{
    int total;
    double s = 0,t;
    if(berth == 'F')s = weight - people * FRIST;
    else if(berth == 'C')s = weight - people * PUBLIC;
    else if(berth == 'Y')s = weight - people * ECO;
    if(s > 0)
    {
        t = s * RATE * price;
        total = rounding(t);
    }
    else
        total = 0;
    return(total);
}

int main()
{
    int people,total;
    char berth;
    double weight, price;
    printf("请输入人数 舱位 行李总重量 经济舱标准价格\n");
    scanf(" %d %c %lf %lf",&people,&berth,&weight,&price);
    total = overweight(people,berth, weight, price);
    printf("\n 超重行李费用为:%d\n",total);
}
```

5.3.2 程序填空

给定程序中,函数 fun()的功能是:将形参 n 中,每一位数字是偶数的取出,并按原来从高位到低位的顺序组成一个新的数,并作为函数值返回。

例如,从主函数输入一个整数:27638496,函数返回值为:26846。请在程序的下画线处填入正确的内容并删除下画线,使程序得出正确的结果。注意不得增行或删行,也不得更改程序的结构!

【程序填空】

```
#include <stdio.h>
unsigned long fun(unsigned long n)
{
    unsigned long x = 0, s, i;
    int t;
    s = n;
    i = ____【1】____;
    while(____【2】____)
    {
        t = s % 10;
        if(t % 2 == 0)
        {
            x = x + t * i;
```

```
            i = ____【3】____;
        }
        s = s/n;
    }
    return x;
}

int main()
{
    unsigned long n = -1;
    while(n > 99999999||n < 0)
    {
        printf("Please input(0 < n < 100000000): ");
        scanf("%ld",&n);
    }
    printf("\nThe result is: %ld\n", ____【4】____);
    return 0;
}
```

【参考答案】

【1】1

【2】s 或 s>0 或 s!=0

【3】i*10

【4】fun(n)

【程序分析】

本题主函数中输入一个无符号长整型数 n，将 n 作为函数参数传到 fun()函数中，fun()函数的功能是将形参 n 中，各位上为偶数的数取出，并按原来从高位到低位的顺序组成一个新的数，并作为函数值返回。在第 3 个实验的例题中，我们学会了如何将一个整数的每一位拆开，再来判断每一位数是否是偶数，是则组成新的数。

(1)【1】处，对变量 i 赋初值，根据 i 的使用规则来看，i 应等于 1。

(2)【2】处，while 循环要求计算后的 s 大于 0，则应继续拆，所以填 s 或 s>0 或 s!=0 均可。

(3)【3】处，i 是 t 的位权，因此每循环一次，i 要乘以 10。

(4)【4】处，此处应填函数调用，将变量 n 作为函数的参数传递。

5.3.3 程序改错

以下程序的功能是求如下表达式：

$$S=1+\frac{1}{1+2}+\frac{1}{1+2+3}+\cdots+\frac{1}{1+2+3+\cdots+n}$$

请修改程序中 FOUND 注释下面语句中存在的错误，使程序能得出正确的结果。注意：不可以增加或删除程序行，也不可以更改程序的结构。

【程序改错】

```
#include <stdio.h>
main()
{
```

```
    int n;
    float fun(int n);
    printf("Please input a number:");
    /*********** FOUND ***********/
    print("%d",n) ;
    printf("%10.6f\n",fun(n));
}

/*********** FOUND ***********/
fun(int n)
{
    int i,j,t;
    float s;
    s = 0;
/*********** FOUND ***********/
    while(i = 1;i <= n;i++);
    {
        t = 0;
        for(j = 1;j <= i;j++)
            t = t + j;
        /*********** FOUND ***********/
        s = s + 1/t;
    }
    return s;
}
```

【参考答案】

(1) print("%d",n) ;改为 scanf("%d",&n)。

(2) fun(int n)改为 float fun(int n)。

(3) while(i=1;i<=n;i++);改为 for(i=1;i<=n;i++)或 for(i=1;i<n+1;i++)。

(4) s=s+1/t;改为 s= s + 1.0 /t;或 s+=1.0/t;或 s= s + 1 /(float)t;或 s+=1.0/(float)t。

【程序分析】

(1) 由题意可知,此处应该是输入 n 的值。

(2) 由题意和主函数中对 fun()函数的声明可知,fun()函数的返回值应该是 float 类型,如果定义函数的时候省略函数的类型,默认是 int 类型。

(3) 此处 while 循环的语法是错误的,应该是 for 循环,并且注意不能有分号,如果有分号则意味着循环的内容为空语句。

(4) fun()函数中定义的 t 为整型变量,C 语言规定,两个整型数相除的结果为整型,所以表达式 1/t 的结果是整型,当 t 为 1 时,1/t 的值为 1,当 t>1 时,1/t 的值为 0,显然不符合题目要求,所以至少需要将分子和分母中的 1 个数的类型变为浮点型。

5.4 思 考 题

(1) 验证哥德巴赫猜想的第二部分:每个大于等于 9 的奇数,都可表示为三个奇素数之和。将大于等于 9 的奇数分解为三个奇素数之和写成一个函数,从键盘输入任一大于等于

9 的奇数，调用该函数，在函数中输出这三个奇素数，例如输入 9，输出 9=3+3+3。

（2）用递归方法求 1+2+3+4+…+n。

（3）判断整数 x 是否是同构数。若是同构数，函数返回 1；否则返回 0。x 的值由主函数从键盘读入，要求不大于 100。说明：所谓“同构数”是指这样的数，这个数出现在它的平方数的右边。例如：输入整数 5，5 的平方数是 25，5 是 25 中右侧的数，所以 5 是同构数。

（4）从低位开始取出长整型变量 s 奇数位上的数，依次构成一个新数放在 t 中。例如：当 s 中的数为：7653421 时，t 中的数为：7541。在主函数中输入数 s，编写一个函数实现题目要求的功能，将构成的新数返回主函数输出。

（5）用递归法求 n 阶勒让德多项式的值，递归公式为：

$$P_n(x)=\begin{cases}1 & (n=0)\\ x & (n=1)\\ ((2n-1)\cdot x-P_{N-1}(x)-(n-1)\cdot P_{n-2}(x))/n & (n\geqslant 1)\end{cases}$$

第6章　数　组

6.1　相关知识点

1. 数组

数组是C语言提供的一种最简单的构造类型。每个数组包含一组具有同一类型的变量,这些变量在内存中占有连续的存储单元。

2. 一维数组

(1) 一维数组:数组中的每个元素只带有一个下标。形式如下:

```
数据类型　数组名[整型常量表达式],…
```

数组名表示数组在内存的首地址,是地址常量。整型常量表达式表示元素个数。

数组的初始化,指在定义数组时,为数组元素赋初值,即在编译阶段使之得到初值。

数组未进行初始化时,其元素值为随机数;只要为1个元素赋初值,则其余元素值自动为0;当定义时为全部数组元素赋初值,可不指定"整型常量表达式"。

(2) 一维数组的引用。

数组必须先定义,后使用。

只能逐个引用数组元素,不能一次引用整个数组。

数组元素表示形式:数组名[下标],其中:下标可以是常量或整型表达式,下标从0开始。

3. 二维数组

(1) 定义方式:

```
数据类型　数组名[整型常量表达式][ 整型常量表达式];
```

数组元素的存放顺序:

由于内存是一维的,所以二维数组按行序优先存放元素,多维数组按最右下标变化最快存放元素。

二维数组元素的初始化是分行初始化。

(2) 二维数组的引用。

二维数组的一般引用方式:

```
数组名[下标1][下标2]
```

其中下标可以是整型常量,也可以是整型表达式。

6.2 实验目的

(1) 掌握一维、二维数组的实际意义和使用要点;
(2) 掌握数组元素的引用、赋值方法,熟悉二维数组的定义、初始化、引用方法;
(3) 掌握与数组有关的插入、删除、排序、查找等常用算法。

6.3 实验内容

6.3.1 程序设计

1. 编制程序

在实行学分制的高校,学生课程的平均学分绩点是衡量该生学习情况的重要依据:

$$\text{平均学分绩点}=\frac{\sum(\text{所学各课程学分}\times\text{课程绩点})}{\sum\text{所学各课程的学分}}$$

课程成绩可按表 6.1 转换为课程绩点:

表 6.1 课程成绩转换

百分制成绩	100～90	89～80	79～70	69～60	60 以下
课程绩点	4	3	2	1	0

请编写程序利用两个一维数组分别保存某学生 20 门课程的学分和对应成绩,计算其平均学分绩点。

【指导】

本题的实质是求数组元素的累加和。

【参考程序】

```
#include <stdio.h>
int main()
{
    float score[20],sumscore = 0,sumxf = 0,aver;
    int i,jd,xf[20];
    printf("请输入各门课程学分和成绩: \n");
    for (i = 0; i < 20; i++)
        scanf("%f%d",&score[i],&xf[i]);    /* 输入成绩和学分 */
    for (i = 0; i < 20; i++)
    {
        sumxf = sumxf + xf[i];              /* 计算学分累加和 */
        if (score[i]>= 90)                  /* 由成绩确定绩点 */
            jd = 4;
```

```
        else if (score[i]>=80)
            jd=3;
        else if (score[i]>=70)
            jd=2;
        else if (score[i]>=60)
            jd=1;
        else
            jd=0;
        sumscore=sumscore+xf[i]*jd;        /*计算学分与绩点的乘积和*/
    }
    aver=sumscore/sumxf;                   /*计算平均绩点*/
    printf("该生平均学分绩点为%.2f\n",aver);
    return 0;
}
```

2. 编制程序

从键盘输入一组任意数,先对这组数进行升序排序,然后用二分查找法,检索指定的数是否在这一组数中。要求从主函数中输入原始数据和待查数,主函数先调用排序函数 sort(),对数据进行排序,然后调用二分查找法函数 search(),如果待查数这一组数中则返回 1,不在则返回 0。

【指导】

(1) 二分查找算法(也叫折半查找算法),只能用于有序数据的查询,它要求原始数据有序,而且要知道数据的排序顺序(即数据是升序还是降序)。因此,用该算法查询某数据是否在一个无序的数列中时,应与排序程序配合使用,即先对无序的数列进行排序,然后再用二分查找法在已排好序的数列中查询。

二分查找算法的算法思路是:

① 先将整个数组作为搜索区间,取该区间的中点,看它是不是待查数,若是,查找结束;

② 如不是,则检查待查数是在搜索区间的上半部分还是下半部分,将搜索空间压缩一半,然后继续采用折半查找的方法;

③ 搜索区间的上界和下界已经重合时,仍未找到待查数,可断定待查数不在原始数据中。

(2) 二分查找子程序 search()包含三个形式参数: p[]用于接收实参数组名(p[]也可以写成 *p),n 用于接收数组的大小,key 用于接收待查数(传递过来的数据必须已按从小到大的顺序排列)。

(3) 排序函数 sort()采用冒泡排序算法将数据源从小到大进行排序。它包含两个形式参数: a[]用于接收实参数组名(a[]也可以写成 *a),n 用于接收数组的大小。

(4) 主函数 main()通过参数传递的方式调用 sort(),通过返回值和参数传递两种方式调用 search(),并根据 search()的返回值获取是否检索到的信息。

【流程图】

search()函数流程图如图 6.1 所示。

sort()函数流程图 6.2 所示。

主函数流程图如图 6.3 所示。

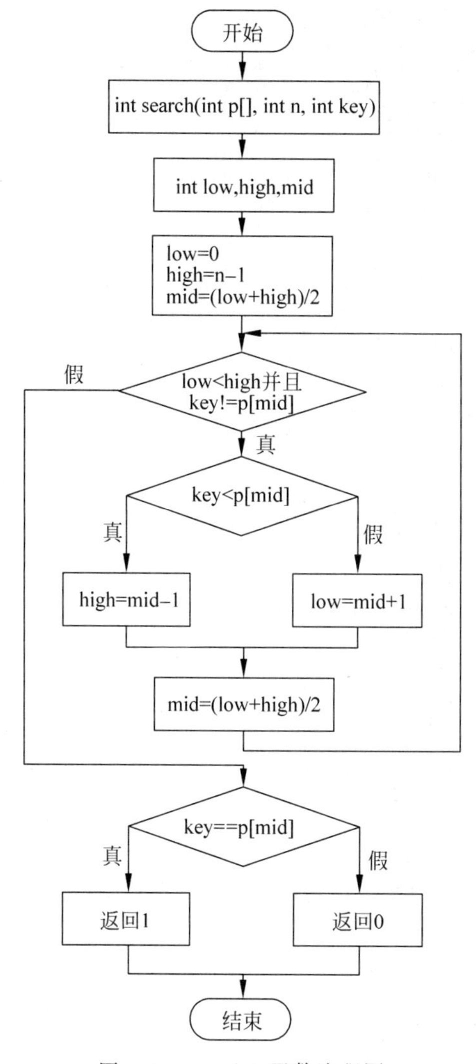

图 6.1 search()函数流程图

【参考程序】

```
#include <stdio.h>
#define N 100
int search(int p[], int n, int key)              //二分查找
{
    int low,high,mid;
    low = 0;
    high = n - 1;
    mid = (low + high)/2;
    while(low < high &&key!= p[mid])
        {
            if (key < p[mid])high = mid - 1;
```

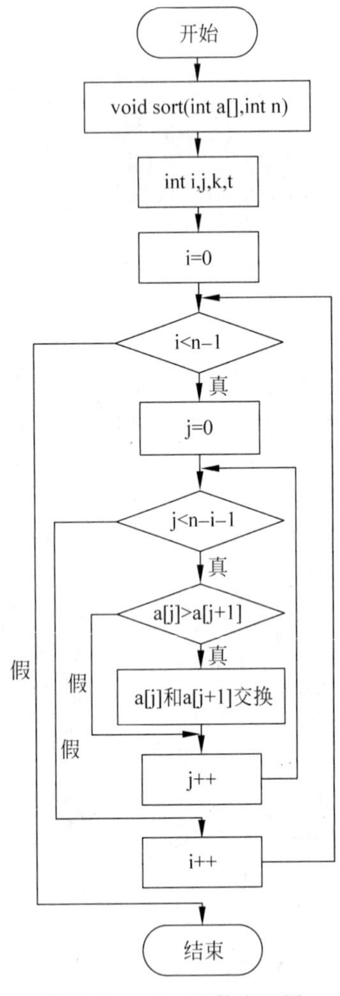

图 6.2　sort()函数流程图

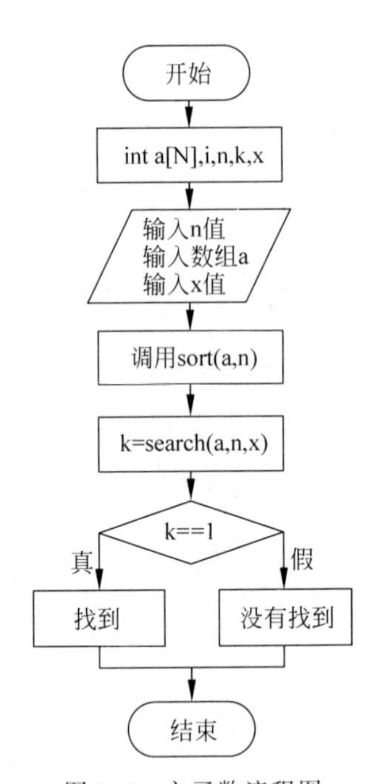

图 6.3　主函数流程图

```
            else   low = mid + 1;
            mid = (low + high)/2;
        }
    if(key == p[mid]) return 1;
    else return 0;
}

void sort(int a[ ], int n)
{
    int i,j,k,t;
    for(i = 0;i < n - 1;i++)                    //冒泡排序
        for (j = 0;j < n - i - 1;j++)
            if (a[j]> a[j + 1])
            {
                t = a[j]; a[j] = a[j + 1];a[j + 1] = t;
            }
}
```

```
int main()
{
    int a[N],i,n,k,x;
    int search(int p[], int n, int key);
    void sort(int a[],int n);
    scanf("%d",&n);                      //输入数列共有多少个数,需小于等于100
    for(i=0;i<n;i++)                     //输入数列
        scanf("%d",&a[i]);
    scanf("%d",&x);                      //输入要查找的数
    sort(a,n);                           //调用排序函数
    k=search(a,n,x);                     //表达式语句调用查找函数
    if(k)
        printf("has been found\n");
    else
        printf("hasn't been found\n");
    return 0;
}
```

【说明】

本道题目定义了三个函数,主函数中进行数据的输入和输出,数组的大小用宏定义定义为100,即输入的数据最多为100个元素;二分查找法要求数据是有序的,由于输入的数据可能是无序的,所以设计了一个函数sort()先对输入的数组进行排序;然后再调用二分查找法search()函数进行查找。

6.3.2 程序填空

1. 给定程序的功能是:逆序排列的数组a,其中的数据为:19,17,15,13,11,9,7,5,3,1。将从键盘输入的整数k插入到该数组中,使插入后的数组仍然有序。

请在程序的下画线处填入正确的内容并删除下画线,使程序得出正确的结果。注意:不得增行或删行,也不得更改程序的结构!

```
#include <stdio.h>
main()
{
    int a[11]={19,17,15,13,11,9,7,5,3,1},k,i;
    scanf("%d",&k);
    for (i=9; i>=0; i--)
    {
        if (k>=a[i])
        {
            a[i+1]=____【1】____;
            if (i==0)
                ____【2】____;
        }
        else
        {
            ____【3】____=k;
            break;
        }
```

```
    }
    for (i = 0; i < 11; i++)
        printf(" %d  ",a[i]);
}
```


【参考答案】

【1】a[i]

【2】a[i]=k 或者 a[0]=k

【3】a[i+1]

【程序分析】

数组是一种线性表结构,由于数组元素存储的连续性,使得在数组中插入数据的主要操作是移动数组元素,以便腾出位置存放被插入的元素。根据数组按降序排列的特点,可以从数组末尾开始检查。

(1)【1】处,凡是比 k 小的元素 a[i]均向后移动一个位置。

(2)【2】处,如果 a[0]仍小于 k,则将 k 插在 a[0]位置上。

(3)【3】处,当遇到第一个大于 k 的元素 a[i]时,则将 k 插在其后的位置上。

2. 给定程序实现从键盘输入 10 个整数,用插入排序方法将它们按从小到大的顺序排列。

请在程序的下画线处填入正确的内容并删除下画线,使程序得出正确的结果。注意:不得增行或删行,也不得更改程序的结构!

```
#include <stdio.h>
#define N 10
main()
{
    int a[N],i,j,item;
    for(i = 0;i < N;i++)
        scanf(" %d",&a[i]);
    for(____【1】____;i++)
    {
        item = a[i]; j = i - 1;          //新插入的元素为 a[i],存入 item 中
        while (____【2】____)            //移动比 item 大的元素
        {
            a[j + 1] = a[j]; j -- ;
        }
        ____【3】____ = item;            //插入新元素 item
    }
    for (i = 0;i < N;i++)
        printf(" %d  ",a[i]);
}
```

【参考答案】

【1】i=1;i<N

【2】item<a[j]&&j>=0

【3】a[j+1]

【程序分析】

插入排序是一种直接排序的方法，它的基本思想是先将第一个元素放入数组，然后将其余各个元素与已插入的元素比较，并把它们插入到数组合适的位置上，最终使数组有序。插入排序算法的比较工作量比冒泡法和选择法少一些，尤其当需要排序的数据不太多时，该法是很好的排序方法。

(1)【1】处，将第一个元素放在数组的第一个位置上；从第二个元素开始插入，依次将第二个元素、第三个元素……一直到最后1个元素(下标为N－1)插入相应位置。

(2)【2】处，将待插入的元素 item 分别与已插入数组的各个元素进行比较，决定它应该插入的位置。

(3)【3】处，将比 item 大的各个元素依次后移，在空出的位置上插入该元素。

3. 给定程序中，函数 fun 的功能是：计算形参 x 数组中 N 个数的平均值(规定所有数均为正数)，将数组中小于平均值的数据移至数组的前部，大于等于平均值的数据移至数组的后部，平均值作为函数值返回，在主函数中输出平均值和移动后的数据。

例如，有 10 个正数：46 30 32 40 6 17 45 15 48 26，平均值为：30.500000

移动后的输出为：30 6 17 15 26 46 32 40 45 48

请在程序的下画线处填入正确的内容并删除下画线，使程序得出正确的结果。注意：不得增行或删行，也不得更改程序的结构！

```
#include <stdlib.h>
#include <stdio.h>
#define N 10
double fun(double x[])
{
    int i, j;
    double av, y[N];
    av = 0;
    for(i = 0; i < N; i++) av += ____【1】____;
    for(i = j = 0; i < N; i++)
        if( x[i]< av/N )
        {
            y[j] = x[i]; x[i] = -1; ____【2】____;
        }
    i = 0;
    while(i < N)
    {
        if( x[i]!=  -1 ) y[j++] = x[i];
        ____【3】____;
    }
    for(i = 0; i < N; i++) x[i] = y[i];
    return av/N;
}

main()
{
    int i;
    double x[N];
```

```
    for(i = 0; i < N; i++)
    {
        x[i] = rand() % 50;
        printf(" % 4.0f ",x[i]);
    }
    printf("\n");
    printf("\nThe average is: % f\n", ____【4】____);
    printf("\nThe result :\n");
    for(i = 0; i < N; i++) printf(" % 5.0f ",x[i]);
    printf("\n");
}
```

【参考答案】

【1】x[i]

【2】j++

【3】i++

【4】fun(x)

【程序分析】

本程序的算法是：首先计算数组x中N个数的平均值，然后将小于平均值的数按原顺序放到另一个数组y中，并将该元素赋值为-1(因为题目说明x数组中的元素均为正数，故用-1来标记该元素的原值已移至数组y中)，然后将数组x中值不等于-1的元素值移到数组y中。

(1)【1】处，要求出N个数的平均值。

(2)【2】处，利用for循环语句，把数组x中小于平均值的数，依次存放到数组y中，注意j需要自加。

(3)【3】处，因为i是while循环体的控制变量，每做一次循环，循环变量均要加1。

(4)【4】处，应该调用函数，注意需要传递整个数组时，实参只写数组名。

4. 请补充给定程序main()函数，该函数的功能是：计算3名学生的5门课程平均成绩。

请在程序的下画线处填入正确的内容并删除下画线，使程序得出正确的结果。注意：不得增行或删行，也不得更改程序的结构！

```
#include <stdio.h>
#define N 3
#define M 5
int main()
{
    int i,j;
    static float score[N][M] = {{83.5,82,86,65,67},{80,91.5,84,99,95},{90,95,86,95,97}};
    static float bb[N];
    for(i = 0;i < M;i++)
        bb[i] = 0.0;
    for(i = 0;i < ____【1】____;i++)
    {
        for(j = 0;j < ____【2】____;j++)
        bb[j] += score[i][j];
```

```
    }
    for(i = 0;i < M;i++)
        printf("\nsubject % d\taverage = % 5.1f",i + 1, ____【3】____);
    return 0;
}
```

【参考答案】

【1】N

【2】M

【3】bb[i]/N

【程序分析】

(1)【1】处,由循环体中的score[i][j]可以推断出,变量i的取值范围是从0到N－1。

(2)【2】处,由循环体中的score[i][j]也可以推断出,变量j的取值范围是从0到M－1。

(3)【3】处,各科的平均分等于各科的总分除以学生人数,此时数组bb中保存的是各科的总分,所以要除以N得到各科的平均分。

6.4 思　考　题

(1) 编写程序找出M个正整数中最大的偶数,并求该组数中大于平均值的数的个数。

(2) 编写函数int fun(int k, int a[])实现,求小于或等于给定正整数k的所有素数并放在数组a中,该函数返回所求出素数的个数。

(3) 编写程序求N阶方阵的主、副对角线上元素之和。注意,两条对角线相交的元素只加一次。

(4) 编写程序求一个N阶方阵右下三角元素的和(包括副对角线上的元素)。

(5) 编写程序求出二维数组周边元素之和。

(6) 编写函数void fun(int t[M][N],int p[N]),t指向一个M行N列的二维数组,求出二维数组每列中最小元素,并依次放入一维数组p中。二维数组中的数据在主函数中赋予。

第7章 指　针

7.1 相关知识点

1. 指针的概念

(1) 对变量的地址、变量值之间的关系的理解：定义变量意味着在编译时，为变量分配适当大小的内存单元。

① 变量的地址：给定的一个内存单元的编号(字节偏移量)；

② 变量的内容(变量的值)：某一个内存单元中存放的数据就是这个内存单元的内容。这些数据根据定义的变量的类型的不相同，占用内存的大小不同。

(2) 指针：就是变量地址。CPU 对变量的访问是根据内存单元的地址来进行的，访问的方式有直接访问和间接访问两种。

① 直接访问是已知变量的地址直接取地址单元内的值；

② 间接访问是通过存放变量地址的变量(指针变量)来访问目标单元的值，这就是引入指针的目的。

2. 指针变量的定义

(1) 指针变量：用于存放变量地址的变量。如图 7.1 所示，指针变量存储的是变量的地址，而普通变量存储的是变量的内容(变量的值)。

(2) 指针变量的定义方法。

```
数据类型名 *指针变量名
```

如：
```
int x=3;
int *pointer1;
pointer1=&x;
```

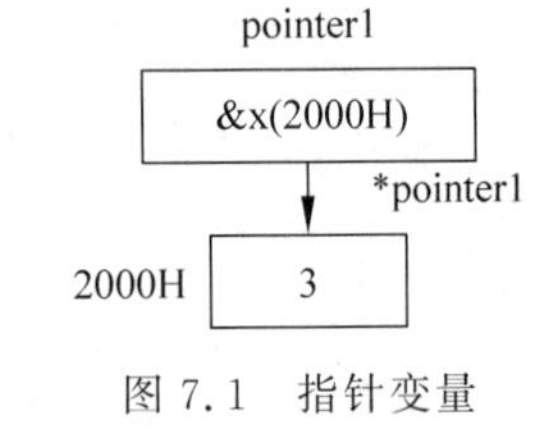

图 7.1 指针变量

如果一个指针变量存放另一个变量的地址，我们就说指针变量指向该变量。

(3) 指针变量在使用前必须要初始化，将一个具体的地址赋给它，否则引用时会有副作用，如果不指向任何数据，则赋空值 NULL。

(4) 指针变量的类型是其指向变量或常量的数据类型，指针变量本身在内存中只占四个字节。

3. 指针变量的引用

(1) 指针变量的引用是通过指针运算符实现的：& 和 * 运算符是互逆的两个运算符。

① &：取地址运算符，用于变量名之前，表示该变量的存储地址；

② *：间接访问运算符，用于指针变量名之前，获取该指针所指目标单元的值。

(2) 指针的运算。

① 算术运算：指针只能进行整型数据的加、减运算。指针变量+n，意味着将指针指向当前变量向前或后的第 n 个变量单元，一个指针变量加一个整数不是简单的数学相加，而是连续移动若干地址；

② 关系运算：用于识别目标变量在内存中的前后位置，当两个指针指向同一数组时，它们可以比较大小进行减法运算；

③ 赋值运算：对指针变量的赋值运算，将改变指针变量的指向，要注意 *p++和(*p)++之间的差别，*p++是地址变化，(*p)++是指针变量所指的数据变化。

4. 指针与数组

(1) 数组的指针：数组的起始地址(即数组名)，是一个恒定值指针。

(2) 指向数组的指针变量：用于存放数组的起始地址或某一数组元素地址的变量。可以用一个指针变量指向一个数组，通过该指针可以对数组进行操作。

(3) 指向二维数组行的指针：指针所指的是包含 m 个元素的一维数组，即，指向二维数组行的指针，例如：int a[2][3]，(*p)[4]中的指针变量 p。

5. 字符数组

(1) 字符数组的定义：

```
char 数组名[整型常量表达式];
```

(2) 通常将一个字符串放入一个字符数组中，由于字符串有结束标志'\0'，因此字符数组的大小至少要比字符串的长度大 1，以容纳此结束标志，也就是说，在程序中判断字符串是否结束不再是依据字符数组的长度而是查找字符串的结束标志'\0'。

(3) 对一批字符串，可以采用二维数组来描述，数组的第一维大小为字符串的个数，第二维大小至少为字符串中最长字符个数+1，通常每个字符串放到数组的一行中。

(4) 字符数组的赋值：将一个字符串赋值给一个字符数组，只能用在赋初值的情况下，不能用在赋值语句中。

(5) 字符串的输入与输出：用%s 格式字符进行字符串的输入和输出。当用该格式输入多个字符串时，这些字符串应以空格作为它们的分隔符。

(6) 掌握常用字符串处理函数。

6. 指针与字符串

(1) 字符串的表示方法：字符数组与字符串指针。字符指针变量与字符数组的区别：字符数组由若干个元素组成，每个元素存放一个字符，而字符指针存放的是地址(当处理字符串时存放的是字符串的地址)。

(2) 字符串指针的作用：可以用来描述一个字符串。其物理含义不是将字符串的内容赋值给指针变量，而是将其起始地址赋给它。例如 char *str="I am a student.";。

(3) 利用字符串的指针变量对字符串进行输入与输出：puts()，gets()，scanf()，printf()的%s 输出格式。

7. 指针与函数

(1) 指针变量作为函数参数：可以将一个变量的地址传送到另一个函数中，指针作为函数参数时不会改变实参指针变量的值,但可以改变实参所指向变量的值。

(2) 函数的指针:函数在内存中的入口地址(用函数名表示)。

(3) 指向函数的指针变量:用于存放函数名的变量(例如:int (*a)(x,y)中的指针变量a),函数名或指向函数的指针作为函数的参数,是将函数的入口地址传送给对应的形参指针,使其也指向指定的函数。

(4) 返回指针值的函数:函数返回值是指针(地址),例如:int *a(x,y)是函数a(x,y)将返回一个指向整型数据的指针。注意区分:int *a(x,y)与int (*a)(x,y)的不同含义。

8. 指针数组与多级指针

(1) 指针数组:数组元素均为指针类型数据的数组,如:int *p[4]。

(2) 指向指针的指针:用于存放指针变量地址的变量。定义方式如:int i, *p, **q,二维指针int **p,可以理解为基类型为(int *)类型。

9. 有关指针的数据类型和指针运算的汇总

指针运算灵活,容易出错,请同学们注意区分,具体如表7.1。

表7.1 指针定义与含义

定 义	含 义
int i	i为整型变量
int a[n]	a为含n个元素的数组
int f()	f为函数
int *p	p为指向整型数据的指针变量
int (*p)[n]	p为指向含n个元素的一维数组指针变量
int *p[n]	p为指针数组,含n个指向整型数据的指针变量
int *p()	p为返回指针值的函数
int (*p)()	p为指向函数的指针,返回一个整型值
int **p	p为指向指针的指针变量

7.2 实验目的

(1) 指针是C语言中的一个重要概念,同时也是学习的难点,通过上机实验应深刻理解指针的概念,掌握并区分不同指针变量的定义方法与使用特点。

(2) 熟练掌握指针变量的定义与基本应用,弄清指针与地址运算符(*,&,[])的不同含义并学会正确使用。

(3) 掌握与数组相关的指针变量定义及其使用方法,包括行指针和数组指针的使用。

(4) 掌握字符数组和与字符串相关的指针操作方法,包括字符串处理函数的正确使用。

(5) 理解与函数相关的指针变量定义及其使用方法。

(6) 了解二级指针的概念及其使用方法。

(7) 在实验的基础上深入理解指针的作用。

7.3 实验内容

7.3.1 程序调试

运行并分析以下程序：

```
#include<stdio.h>
/*变量在内存的地址*/
main()
{
    char c='A';
    int n=999;
    float pi=3.14;
    char *cp;
    int *np;
    float *fp;
    cp=&c,np=&n,fp=&pi;
    printf("******变量在内存中的地址******\n\n");
    printf("字符变量c的值为%c,它在内存中的地址为: %x\n",c,cp);
    printf("整型变量n的值为%d,它在内存中的地址为: %x\n",n,np);
    printf("实型变量pi的值为%f,它在内存中的地址为: %x\n",pi,fp);
    *cp='B';              //改变指针变量所指地址的内容
    *np=111;
    *fp=3.14159;
    printf("     ******指针所指地址内容改变后: ******\n");
    printf("字符变量c的值为%c,它在内存中的地址为: %x\n",c,cp);
    printf("整型变量n的值为%d,它在内存中的地址为: %x\n",n,np);
    printf("实型变量pi的值为%f,它在内存中的地址为: %x\n",pi,fp);
}
```

【分析与说明】

本题目是对指针与指针变量相关概念的认识与理解，程序中使用格式符%x以十六进制方式输出变量在内存中的地址。

（1）请试着将指针所指内存单元的地址及其存储的值用图表示出来。

（2）请上机运行程序，记录程序的运行结果，将指针改变指向前后的状态画出来。

（3）分析指针改变指向后指针的值、指针所指内存单元值的变化情况，给出结论。

7.3.2 程序设计

1. 编制程序

在具有10个元素的数组中找出与平均值最接近的元素，并输出该元素的值。

【指导】

本题目是利用指针访问一维数组并实现应用，需要解决两个问题：

(1) 利用指针变量计算10个元素的平均值。

(2) 找出与平均值最接近的数组元素。

【流程图】

算法流程参见图7.2。

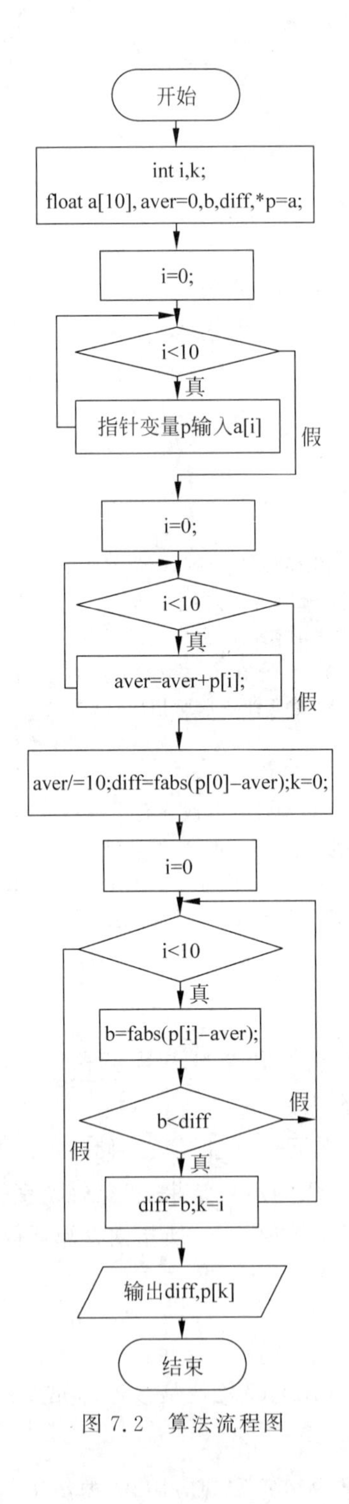

图7.2 算法流程图

【参考程序】

```
#include <math.h>
main()
{
    int i,k;
    float a[10],aver = 0,b,diff, * p = a;
    for(i = 0;i < 10;i++)          //实现对数组的输入
        scanf(" % f",p + i);
    for(i = 0;i < 10;i++)          //实现对数组的求和
        aver += p[i];
    aver/ = 10;                    //计算平均值
    k = 0;
    diff = fabs(p[0] - aver);     //设置数组元素与平均值之差的基准
    for(i = 1;i < 10;i++)
    {   b = fabs(p[i] - aver);    //逐个计算数组元素与平均值之差
        if(b < diff)               //寻找最小差值
            { diff = b;k = i;}
    }
    printf(" % f   % f\n",diff,p[k]);
}
```

【程序分析】

(1)程序中第一个 for 循环的功能是利用指针 p 实现对一维数组 a[10]的输入,注意 scanf("%f",p+i)中的 p+i 与 &a[i]是等价的,要思考其中的差异。

(2) 程序中第二个 for 循环的功能是通过 aver+=p[i]实现对数组元素求和,注意这里 p[i]是指针变量 p 所指数组元素的值,即 a[i],应熟悉这种用法。

(3) 程序中第三个 for 循环的功能是实现与平均值最接近数组元素的查找,其方法是将第一个数组元素与平均值的差作为基准 diff,然后依次计算其余各个元素与平均值的差 b,并将其与基准进行比较(注意要按绝对值进行比较),从而找出最小差值,它所对应的元素就是与平均值最接近的元素。

2. 编制程序

写一个函数,输入一行字符,将此字符串中最长的单词输出(如果最长的单词有多个则输出最后一个)。

【指导】

我们认为单词是全由字母组成的字符串,程序中除主函数外设计了两个函数。longest()函数的作用是找最长的单词的位置,此函数的返回值是该行字符中最长单词的起始位置。该函数中设计了一个标记 flag,flag 值为 0 表示单词未开始,flag 值为 1 表示单词开始;len 代表当前单词已累计的字母个数;length 表示前面单词中最长单词的长度;point 代表当前单词的起始位置(用下标表示),place 代表最长单词的起始位置。alp()函数的功能是判断当前字符是否是字母,若是则返回 1,否则返回 0。

【流程图】

主函数流程图见图 7.3。

alp()函数流程图见图 7.4。

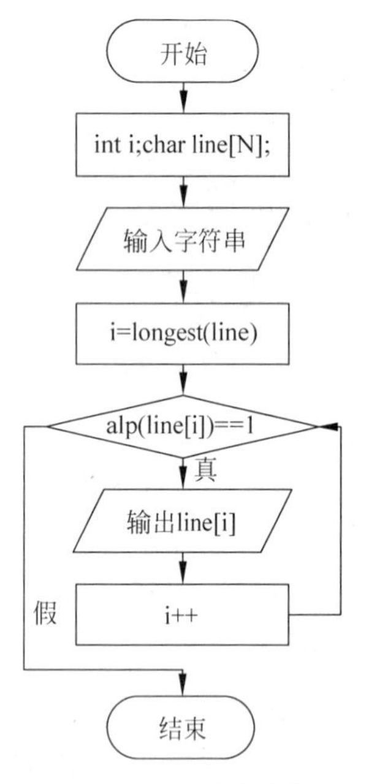

图7.3 主函数流程图

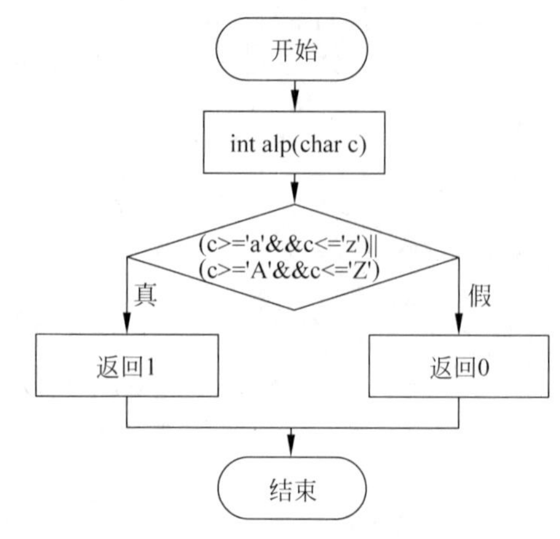

图7.4 alp()函数流程图

longest()函数流程图见图7.5。

【参考程序】

```
#include<stdio.h>
#include<string.h>
#define N 100
int main()
{
    int alp(char c);
    int longest(char string[]);
    int i;
    char line[N];
    printf("input one line:\n");
    gets(line);
    printf("The longest word is:");
    for(i=longest(line);alp(line[i])==1;i++)      //i将得到最长单词的下标
        printf("%c",line[i]);
    printf("\n");
    return 0;
}

int alp(char c)                     //函数的功能是判断某字符是否是字母
{
    if((c>='a'&&c<='z')||(c>='A'&&c<='Z'))
        return 1;                   //是字母则返回1
    else
        return 0;                   //不是字母则返回0
}
```

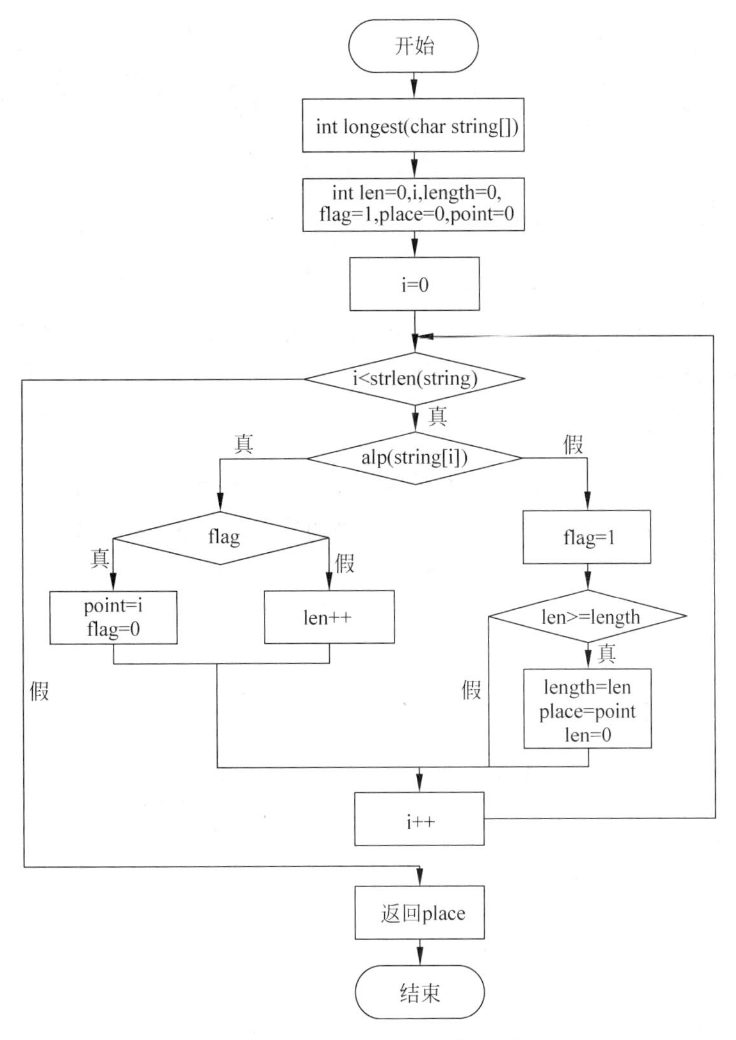

图 7.5　longest()函数流程图

```
int longest(char string[])      //函数的功能是返回最长单词首字母的下标
{
    int len = 0,i,length = 0,flag = 1,place = 0,point = 0;
    for(i = 0;i < strlen(string);i++)
        if(alp(string[i]))      //函数的嵌套调用
            if(flag)            //括号内等价于 flag == 1
            {
                point = i;
                flag = 0;
            }
            else
                len++;
        else
    {
        flag = 1;
        if(len > = length)
```

```
        {
            length = len;
            place = point;
            len = 0;
        }
    }
    return(place);
}
```

【说明】

本题目一共定义了3个函数,在longest()函数中,定义了一个标记来表示一个新单词的开始,这种方法在很多题目中都可以用到。

7.3.3 程序填空

在以下程序中,insert()函数的功能是将存放在变量b中的一个字符插入已按降序排列的字符串a中,插入后字符串a仍有序,请将正确的答案填入程序空白处。

```
insert(char *a, char b)
{
    char *p;
    p = a;
    while( *(____【1】____)!= '\0')
        ;
    while( *(p - 1)< b&&(____【2】____)> = a)
        *(p-- ) = *(p - 1);
    ____【3】____ = b;
}
main()
{
    static char c[30] = "987643210";
    insert(c, '5');
    printf("\n%s",c);
}
```

【正确答案】

【1】p++

【2】p−1

【3】*p

【程序分析】

本题目是利用指针和函数实现字符串处理的综合性练习,有一定的难度,在程序执行过程中,指针p的变化情况如图7.6所示。

(1) 空白【1】处要考虑这里的while()循环的功能是将指向字符串的指针p移动到字符串的末尾(结束符\0的位置),故正确答案应该是p++,实现指针的后移,注意不能使用a++,因为a作为数组名,是一个恒定地址(即地址常量)。

(2) 程序的第二个while()循环是要解决如何查找到变量b在已按降序排列的字符串a中的合适位置,其算法执行过程如图7.2所示。其中 *(p−1)<b是从字符串的末尾开始逐个比较变量b与p指针所指目标单元前一个元素的值,如果成立,说明变量b应该插入在

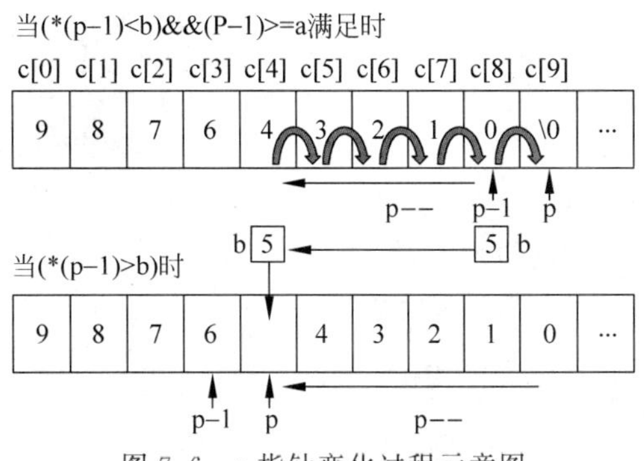

图 7.6　p 指针变化过程示意图

p－1 指针存储单元之前，于是 p－1 位置上的字符应该后移。注意 *(p－－)＝*(p－1)是实现 p－1 存储单元的字符赋值到 p 存储单元，然后 p 指针前移(p－－)。

(3) 空白【2】处需要考虑一直在前移的指针 p－1 已经移动到字符串的第一个字符位置即 p－1＝＝a 时，说明 b 变量可以插入的位置已经寻找完毕，故正确答案应该是 p－1，注意不能写成 p。

(4) 空白【3】处要考虑当第二个 while()循环结束后找到了 b 变量应该插入的位子，即 p 指针所指的存储单元，故正确答案应该是 *p，注意区分与 p、*(p－1)、*(p＋1)的差异。

7.3.4　程序改错

下面程序的功能是：利用行指针找出二维数组 a[M][N]每一行中的最大值，然后从中找出最小值 min。请修改程序中 FOUND 注释下面语句中存在的错误。注意：不可以增加或删除程序行，也不可以更改程序的结构。

```
#define M 5
#define N 5
main()
{
    int s[M],i,j,min;
    static int a[M][N],(*p)[N] = a;
    for (i = 0;i < M;i++)
    for (j = 0;j < N;j++)
/************ FOUND ************/
        scanf("%d",p(i + j));
    for (i = 0;i < M;i++)
/************ FOUND ************/
    {   s[i] = p[0][0];
        for (j = 1;j < N;j++)   //求每行最大值分别保存在 s 中
        if (s[i]< p[i][j])
/************ FOUND ************/
            p[i][j] = s[i];
    }
/************ FOUND ************/
    min = s[0];
    for (i = 1;i < M;i++)        //求 s 中的最小值
/************ FOUND ************/
    if (min < s[i])
        min = s[i];
```

```
    printf("Min = %d\n",min);
}
```


【正确答案】

(1) scanf("%d",p(i+j))应改为 scanf("%d",p[i]+j)。

(2) s[i]=p[0][0]应改为 s[i]=p[i][0]。

(3) p[i][j]= s[i]应改为 s[i]=p[i][j]。

(4) if (min< s[i]) 应改为 if (min> s[i])。

【错误分析】

本题目是二维数组指针的应用,需要熟悉二维数组行指针的使用方法。

(1) 程序定义了二维数组 a[M][N],s[M]及指向数组 a 的行指针(* p)[N],根据题目要求用行指针操作,数组元素 a[i][j]的地址可用 p[i]+j、*(p+i)+j 或 &p[i][j]表示,数组元素 a[i][j]的值可用 p[i][j]、*(p[i]+j)或 *(*(p+i)+j)表示。

(2) 第一个错误语句是考核指针(* p)[N]的正确使用方法,p[i]+j 是访问 a[i][j]的正确用法。

(3) 第二个错误之处,程序希望将每一行的最大值存放在数组 s 中,然后在数组 s 中找出最小值,二维数组每行第一个元素的正确表示应该是 p[i][0],p[0][0]只是第一行的第一个元素。

(4) 为了求出数组 a 第 i 行的最大值 s[i],先令 s[i]=a[i][0],然后将 s[i]依次与 a[i][1],a[i][2],…,a[i][N-1]比较,凡是比 s[i]大的 a[i][j]就赋给 s[i],经 N-1 轮比较后,s[i]中存放的就是该行的最大值,因此第三个错误 p[i][j]= s[i]应该为 s[i]=p[i][j]。

(5) 第四个错误 if (min< s[i]) 是考核常见出错的内容,求最小值的比较应该为 if(min> s[i])。

7.4 思 考 题

(1) 设计完整的程序实现以下功能:从键盘上输入 3 个整数,通过指针运算,找出 3 个数中的最大值与最小值和它们的地址,并实现最大值与最小值的交换(要求用指针作为函数参数处理)。

(2) 设计完整的程序实现以下功能:一个数组有 10 个元素{1,8,10,2,-5,0,7,15,4,-5},利用指针作为函数参数,输出数组中最大和最小的元素值及其下标。

(3) 利用指向一维数组的指针,将一个含有 m(m≤10)个整数的一维数组中小于平均值的所有元素顺次删除掉。例如,原数组为 3,5,7,4,1,删除后的数组应为 5,7,4。

(4) 编写程序,设计一个寻找输入字符串中字符值最大的字符,并统计其第一次出现的位置和出现的次数。要求在主函数中输入字符串,在主函数中输出字符值最大的字符的位置(即该字符在数组中的下标)和出现的次数(参考思路:一个函数的返回值只能有一个,而要求返回的值有两个,有两种方法可以解决此问题。方法一,将一个数设计为全局变量。方法二,设计一个数组,该数组有两个元素,一个存放字符串中值最大的字符的位置,另一个存放该字符出现的次数)。

(5) 判断字符串 str2 是否整体包含在字符串 str1 中,若包含,则输出 str2 第一次出现在 str1 中的起始位置。例如：str1="abcdexyde",str2="de",则 str2 包含在 str1 中,应输出第一次出现的位置 4。若不包含,则输出 str2 不在 str1 中的信息。例如：str1="abcdexyde",str2="bd",则 str2 不包含在 str1 中。

(6)(选做题)设计完整的程序实现以下功能：求 3×4 的二维数组{1,3,5,7,9,11,13,17,19,21,23,25}中的所有元素之和(用数组的指针作为函数参数)。

(7)(选做题)编写程序：将字符串中的第 m 个字符开始的全部字符复制成另一个字符串。要求在主函数中输入字符串及 m 的值并输出复制结果,在被调用函数中完成复制。

(8)(选做题)用指针和指针数组编写一个程序,实现下述功能：先输入 5 个字符串,对每个字符串按字符进行从小到大的排序,然后再对这 5 个字符串进行从小到大的排序。

第 8 章 结构体数据类型

8.1 相关知识点

1. 结构体类型变量的定义和引用

结构体类型通常是由相同的或不同的数据类型组合而成的，这些类型成员所表示的数据含义是不一样的。

(1) 结构体的定义。

```
struct 结构体名
{
    类型 1 成员名 1;
    类型 2 成员名 2;
    类型 3 成员名 3;
    …
    类型 n 成员名 n;
};
```

需要说明的是，结构体类型是一种数据类型，是一种由其他类型组合在一起的构造类型，它的每个成员可以是基础类型，也可以是其他构造类型。当我们定义好一个结构体类型后，就可以像使用整型、实型一样，用它来定义变量。结构体所占空间的大小是各个成员所占空间的和。

(2) 结构体类型变量的定义。

结构体类型变量的定义有三种方法：①先定义结构体类型，再定义变量；②同时定义结构体类型和变量；③定义无名的结构体类型的同时定义变量。

(3) 结构体变量的引用。

例如：

```
struct book
{
    char isbn[200];
    char press[30];
    char author[20];
    float unitprice ;
    int pages;
} ComputerSciences[100],CLanguage;
```

结构体变量成员的引用：

```
CLanguage.unitprice = 39.5;
```

结构体变量成员地址的引用：

```
scanf(" % f",&CLanguage.unitprice);
```

结构体变量地址的引用：

&CLanguage 表示结构体变量在内存中的起始位置。

(4) 结构体数组的引用。

结构体数组成员的引用：

```
ComputerSciences[1].unitprice = 39.5;
```

结构体数组成员地址的引用：

```
scanf(" % f",&ComputerSciences[1].unitprice);
```

结构体数组地址的引用：

&ComputerSciences[1]表示结构体数组的第一个元素的地址，注意这里指的是第一个结构体元素的起始位置；而 ComputerSciences 则表示结构体数组的起始位置，数组名表示数组的首地址。

2. 共用体类型变量的定义和引用

共用体类型通常是也是由相同的或不同的数据类型组合而成的，这些类型成员所表示的数据含义是不一样的。

(1) 共用体的定义。

```
union 共用体名
{
    类型 1 成员名 1;
    类型 2 成员名 2;
    类型 3 成员名 3;
    …
    类型 n 成员名 n;
};
```

共用体类型的每个成员的起始地址是相同的，设置这种类型的主要目的是为了节约内存。共用体类型的长度是所有成员中占据空间最长的成员的长度。

(2) 共用体类型变量的定义。

共用体类型变量的定义有三种方法：①先定义共用体类型，再定义变量；②同时定义共用体类型和变量；③定义无名的共用体类型的同时定义变量。

说明：共用体使用的是覆盖技术，一个成员被赋值，则原来由其他成员存储的数据也将被覆盖；共用体变量不能赋初值。

(3) 共用体变量的引用。

共用体变量的引用与结构体变量引用基本相同。

3. 枚举类型变量的定义和引用

“枚举类型”是将变量的取值一一列举出来，变量的取值只限在列出来的取值范围内。

(1) 枚举类型的定义。

```
enum 枚举类型名{枚举常量1,枚举常量2,枚举常量3,…} 枚举变量名;
```

例如,

```
enum weekday {sun,mon,tue,wed,thu,fri,sat};
enum weekday workday;
```

(2) 枚举类型变量的定义。

枚举类型变量的定义有三种方法:①先定义枚举类型,再定义变量;②同时定义枚举类型和变量;③定义无名的枚举类型的同时定义变量。

(3) 枚举变量的引用。

① 枚举元素在C语言中按常量来处理,不是变量,不能被赋值;

② 作为常量的枚举元素,它们是有值的。在编译时按它们的定义顺序取值为0,1,2,3……

也可以在定义类型时人为定义枚举元素的值,如,

```
enum weekday {sun = 7,mon = 1,tue,wed,thu,fri,sat};
enum weekday workday;
```

③ 枚举值可以用来做条件判断,如:

```
if (workday = = mon)   …
if (workday > tue)   …
```

④ 枚举变量赋值,如:

```
workday = (enum weekday) 2;
workday = tue;
```

4. 链表

链表的含义:当一个结构体中有一个成员是指向本结构体类型的指针时,通过这样的指针可以将若干个相同类型的结构体存储单元连接成一个新的存储结构。

功能:可以根据需要动态的开辟存储空间。

(1) malloc(size):在内存中动态分配一个长度为size的连续空间。

(2) calloc(n,size):在内存中分配n个长度为size的连续空间。

(3) free(ptr):释放由指针ptr指向的内存区域。

例如,

单链表的生成、插入、删除如图8.1~图8.3所示,其代码如下:

```
struct student
{
    int num;
    float score;
    struct student * next;      //递归定义
};
```

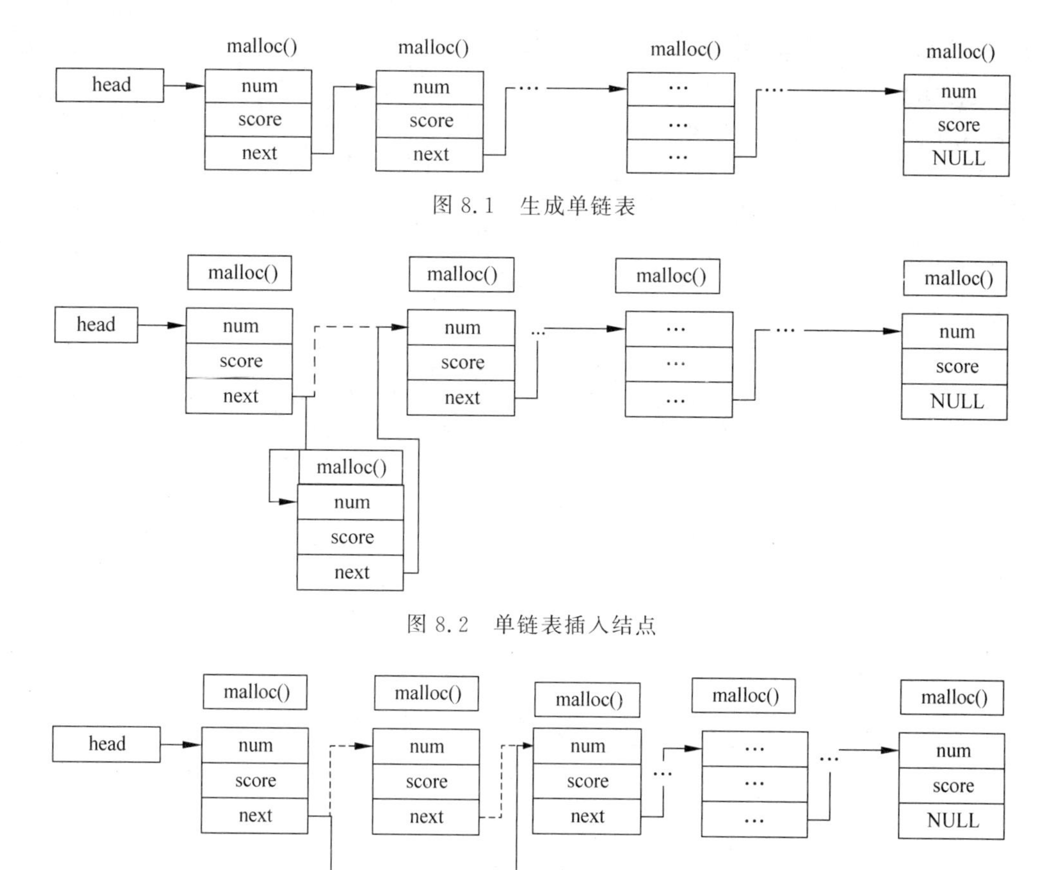

图 8.1　生成单链表

图 8.2　单链表插入结点

图 8.3　单链表删除结点

8.2　实验目的

（1）掌握结构体类型数据的定义和引用方法。

（2）能够利用结构体进行函数参数的传递。

（3）理解用结构体来构造单向链表。

8.3　实验内容

8.3.1　程序设计

1. 编制程序

用结构体数组建立含 n 件航材（Air Material）的台账，包括件号（PN）、名称（Designation）和数量（QTY）。要求能根据键盘输入的件号输出该件号对应的名称及数量。

【指导】

（1）根据题目要求定义结构体类型，包含 2 个字符型数组成员，用来存放件号及名称，和 1 个整型的成员。由此再定义具有 n 个元素（假定为 10）的结构体数组，输入 10 条记录。

（2）然后根据键盘输入的件号，在结构体数组中查找满足条件的元素，若找到，输出该数组元素的各个成员,否则输出“未找到”的信息。

【流程图】

图8.4即实验内容1流程图。

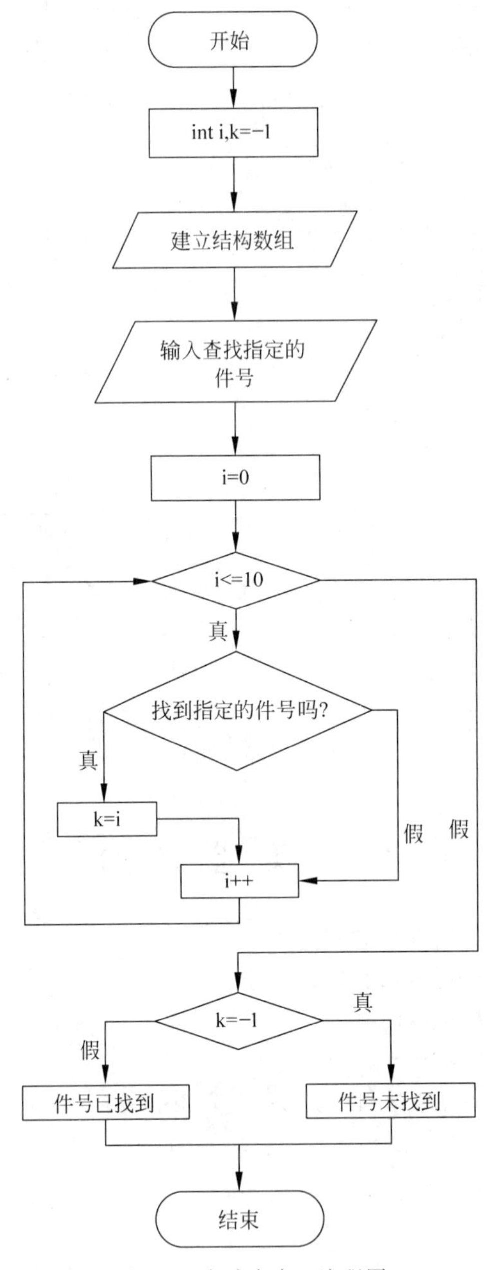

图8.4 实验内容1流程图

【参考程序】

```
#include <stdio.h>
#include <string.h>
main()
{
```

```
    struct AirMaterial
    {
        char PN[20];
        char Designation[20];
        int QTY;
    } AM[10];
    int i,k = -1;           /* k 作为是否查找到的标志 */
    char PN1[20];
    for (i = 0;i < 10;i++)  /* 建立结构数组 */
    {
        printf("\nEnter PN, Designation and QTY:\n");
        scanf("%s%s%d", AM[i].PN, AM[i].Designation, &AM[i].QTY);
    }
    printf("\nEnter PN to be searched:");
    scanf("%s",PN1);
    /* 在结构体数组中查找指定的件号 */
    for (i = 0;i < 10;i++)
        if (strcmp(PN1, AM[i].PN) == 0)
            k = i;
    if (k!= -1)
        printf("%s, %s, %d\n", AM[i].PN, AM[i].Designation, AM[i].QTY);
    else
        printf("Not found.\n");
}
```

【说明】

(1) 请思考在输入件号、名称等信息时,如果其中含有空格,程序需要如何修改?

(2) 程序中变量 k 的作用是什么?

2. 编制程序

在上述的航材结构中,添加两个成员,单价(price)、总价(amount)。其中,总价由程序自动计算。设计一个函数 sort()完成总价的降序排列,主函数能输出排序后的数组。

【指导】

(1) 在主函数中定义结构体数组,输入各成员数据,进而计算出总价,调用函数 sort()对结构体数组排序,最后在主函数中输出排序后的结果。

(2) 对于结构体数组,由于在函数间进行数据传递,最好先定义一个外部结构体类型,以保证各函数中的结构体类型一致。

(3) 当结构体数组在函数间传递时,实参为结构体数组名或结构体指针,形参可以是结构体指针或结构体数组名。

【流程图】

函数 sort()流程图见图 8.5。

【参考程序】

```
//函数 sort()采用选择排序算法
#include <stdio.h>
#include <string.h>
struct AirMaterial
{
    char PN[20];
    char Designation[20];
    int QTY;
```

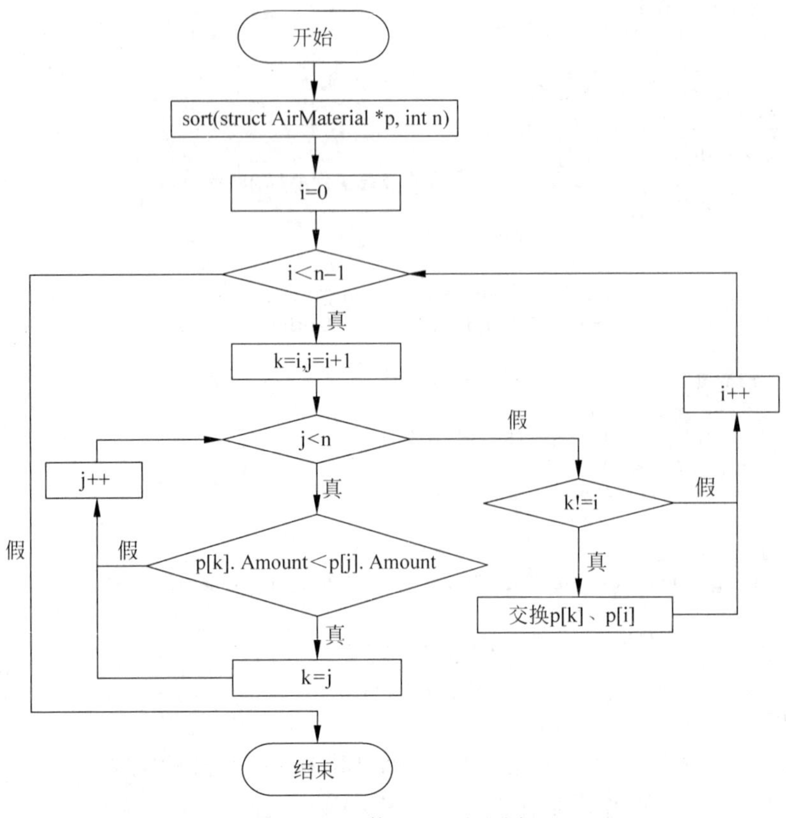

图 8.5　函数 sort()流程图

```
    float Price;
    float Amount;
};

void sort(struct AirMaterial * p, int n)         /* 结构数组选择排序 */
{
    int i,j,k,qty;
    float temp;
    char * t;
    for (i = 0;i < n - 1;i++)
    {
        k = i;
        for (j = i + 1;j < n;j++)
            if (p[k].Amount < p[j].Amount)
                k = j;
        if (k!= i)                                /* 元素成员交换 */
        {
            strcpy(t, p[k].PN);                   /* 件号交换 */
            strcpy(p[k].PN, p[i].PN);
            strcpy(p[i].PN, t);
            strcpy(t, p[k].Designation);          /* 名称交换 */
            strcpy(p[k].Designation, p[i].Designation);
            strcpy(p[i].Designation, t);
```

```
                qty  = p[k].QTY;                    /* 数量交换 */
                p[k].QTY = p[i].QTY;
                p[i].QTY = qty;
                temp = p[k].Price;                  /* 单价交换 */
                p[k].Price = p[i].Price;
                p[i].Price = temp;
                temp = p[k].Amount;                 /* 总价交换 */
                p[k].Amount = p[i].Amount;
                p[i].Amount = temp;
            }
        }
    }

main()
{
    struct AirMaterial s[10];
    int i,j;
    for (i = 0;i < 10;i++)                          /* 输入数据 */
    {
        printf("\nEnter PN Designation QTY Price :");
        scanf("%s%s%d%f",s[i].PN, s[i].Designation, &s[i].QTY, &s[i].Price);
        s[i].Amount  =  s[i].Price * s[i].QTY;      /* 计算总价 */
    }
    sort(s,10);                                     /* 调用排序子程序 */
    for (i = 0;i < 10;i++)                          /* 输出排序后的结果 */
        printf("%s, %s, %d, %f, %f \n",s[i].PN,s[i].Designation,
            s[i].QTY,s[i].Price, s[i].Amount);
}
```

【说明】

需要注意的是：在进行结构体数组元素的交换时，并不需要在成员级上进行交换，可以直接在数组元素级上进行交换，这是因为C语言允许两个相同的结构变量相互复制，利用这种特点，可以定义一个相同结构体类型的中间变量temp，由它直接进行结构体数组元素的交换。上面程序中的排序子程序sort()可以设计如下：

```
void sort(struct AirMaterial  *p, int n)            /* 结构数组选择排序 */
{
    int i,j,k,m;
    struct AirMaterial temp;
    for (i = 0;i < n - 1;i++)
    {
        k = i;
        for (j = i + 1;j < n;j++)
        if (p[k].Amount < p[j].Amount)
        k = j;
        if (k!= i)                                  /* 元素交换 */
        {
            temp = p[k];
            p[k] = p[i];
            p[i] = temp;
        }
    }
}
```

3. 编制程序

建立一个单向链表,将键盘输入的整数 1、2、3、4、5、6、7、8、9、10 依次存入该链表各个节点的数据域中,当输入整数 0 时,结束建立链表的操作。然后依次输出链表中的数据,直到链表末尾。

【指导】

(1) 结构体指针型函数 creatlist()用来建立链表,将该链表的头指针返回给调用函数。在函数 creatlist()中先申请头节点的存储空间,用指针 h 存放该空间的首地址;然后不断申请下一个节点的存储空间,其 data 域存放键盘输入的整数,直到输入 0 为止。

每次新申请的节点为 p,当前的尾节点为 q。申请到 p 后,将键盘输入的整数存入 p->data 中,并将 p 的首地址存入 q-> next 中,从而把 p 节点链接到表上,再用 p 申请下一个节点,如图 8.6 所示。

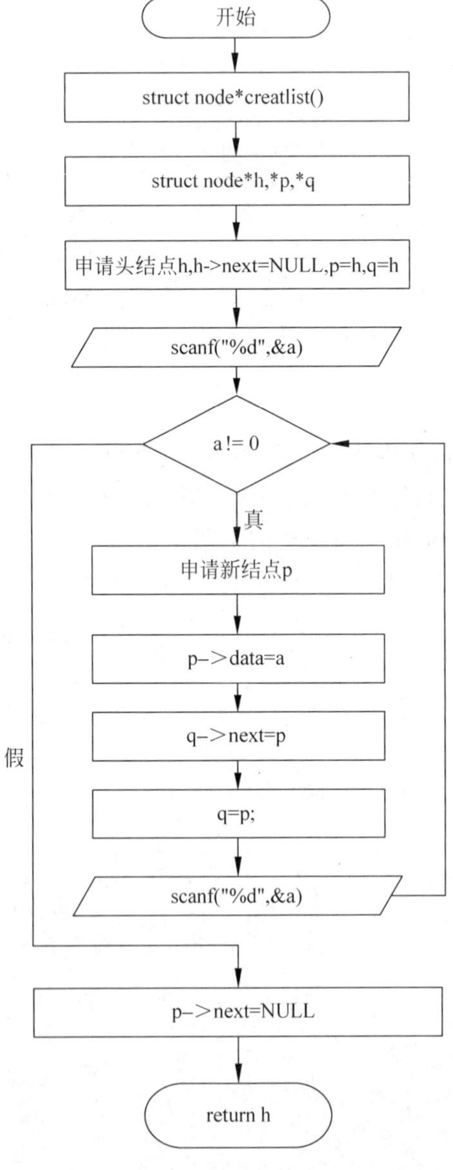

图 8.6　创建链表子函数 creatlist()

(2) printlist()用来输出链表，其形式参数是一个结构体指针，用于接收链表的首地址。从头节点开始，不断取下一个节点，并输出该节点数据域中的数据，直到尾节点。

(3) 主函数 main()调用创建链表函数 creatlist()，并接收该函数返回的链表起始地址，函数 printlist()输出链表。

【参考程序】

```
#include <stdlib.h>
struct node
{
    int data;
    struct node * next;
};
struct node * creatlist()                          /* 建立链表 */
{
    struct node * h, * p, * q;
    int a;
    h = (struct node * )malloc(sizeof(struct node)); /* 头节点 */
    p = q = h;
    scanf("%d",&a);
    while (a!= 0)
    {
        p = (struct node * )malloc(sizeof(struct node));   /* 申请新节点 */
        p -> data = a;
        q -> next = p;      /* 将新节点的起始地址存入当前尾节点 q 的 next 域 */
        q = p;                                     /* 将新节点作为新的尾节点 */
        scanf("%d",&a);
        }
        p -> next = NULL;                          /* 链表尾节点 */
        return h;
    }
    void printlist(struct node * h)
    {
        struct node * p;
        p = h -> next;                             /* 取头节点的后继节点 */
        while (p!= NULL)
        {
            printf("->%d ",p -> data);
            p = p -> next;                         /* 取下一个后继节点 */
        }
        printf("\n");
    }

    main()
    {
        struct node * head;
        head = creatlist();                        /* 创建链表并保存链表起始地址 */
        printlist(head);                           /* 输出链表 */
    }
}
```

程序运行结果为:

```
1  2  3  4  5  6  7  8  9  10  0<CR>
->1 ->2 ->3 ->4 ->5 ->6 ->7 ->8 ->9 ->10
```

8.3.2 程序填空

下面程序的功能是,从键盘输入一行字符串,通过调用函数建立反序的链表,然后输出这个链表,填空。

```
#include <stdio.h>
#include <stdlib.h>
struct node
{
    char data;
    struct node * link;
} * head;
void ins(struct node  * q)
{
    if (head == NULL)
    {
        q -> link = NULL;
        head = q;
    }
    else
    {
        q -> link = head;
        ____【1】____;
    }
}
void main()
{
    char ch;
    struct node  * p;
    head = NULL;
    while((ch = getchar())!= '\n')
    {
        p = (struct node * )malloc(sizeof(____【2】____));
        p -> data = ch;
        ins(p);
    }
    p = head;
    while(p!= NULL)
    {
        printf(" %c",p -> data);
        ____【3】____;
    }
    printf("\n");
}
```

【参考答案】

【1】head=q

【2】struct node

【3】p=p-> link

【程序分析】

本题目是利用结构体建立单向链表，而且要求建立一个反序的字母链表。如果我们输入的字母是"abcdefg"，则输出的是"gfedcba"。建立的链表如图 8.7 所示。

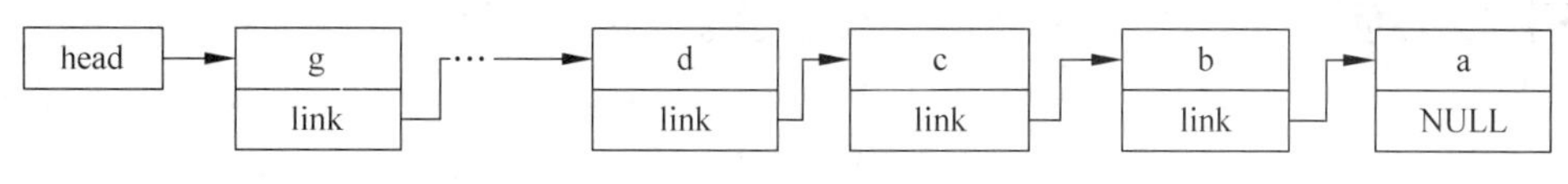

图 8.7 反序的字母链表

(1) 空白【1】，填入 head=q，前面一句 q->link=head，已经把新加入的结点的指针域赋值为当前头结点，则此句将头指针前移。

(2) 空白【2】，填入 struct node，sizeof()运算符要求的参数为“数据类型”或“变量名”，此处填入刚刚定义的结构体类型。

(3) 空白【3】，填入 p=p->link，实现指针下拨。

8.4 思 考 题

(1) 编写程序，输出 10 件航材中价值最高的航材的信息。

(2) 有 n 个学生，每个学生的数据包括学号、姓名、性别、三门课程的成绩。要求在主函数中输入数据，函数 count()计算每个学生的总分和平均分，并输出各项数据(提示：定义结构体类型时，不仅要有三门课程的成绩，还要有总分和平均分；在调用 count()函数时，函数的参数可以是结构体数组也可以是结构体指针)。

(3) 用结构体编程实现输入若干个人员的姓名及电话号码，以字符"#"表示结束输入，然后输入一个人的姓名，查找该人对应的电话。要求：

① 定义结构体类型如下，该结构体类型在所有函数的外面定义。

```
struct telephone
{
    char name[10];
    char telno[20];
};
```

② 函数定义：void search(struct telephone b[],char * x,int n);

③ 在主函数中输入若干人的姓名和电话；

④ 在函数 search()中查找，并输出结果。

(4) 编制程序，申请三个节点 p、q 和 r，每个节点包含数据域 data 和指针域 next，它们的 data 域用于存放整数(从键盘输入)，然后将 q 节点链在 p 点之后，将 r 节点链在 q 节点之后，形成一个单向链表，最后输出 p 节点和 r 节点 data 域中的整数之和。

(5) 用结构体变量表示复数(虚部和实部)，输入两个复数，求出它们的积。

```
struct com
{
    int real;
    int im;
};
```

第9章 文 件

9.1 相关知识点

1. 文件概念

本章的主要内容是数据文件的操作,C 语言数据文件是指存放程序处理数据的文件,当程序需要处理大量数据的时候,直接输入输出都难以实现,这时候就需要数据文件。程序执行前把程序需要的数据按一定格式存入文件,程序执行时从文件中读入数据,这种文件叫输入文件。程序执行时直接把输出数据写入某文件,这种文件叫输出文件。

2. 文件的分类

C 语言数据文件分为 ASCII 文件和二进制文件。ASCII 文件又叫纯文本文件(text file),每一个字节存放一个字符的 ASCII 代码,如:32767 依次存放 3,2,7,6,7 这 5 个字符的 ASCII 码。数据在内存中是以补码存储的,如果把内存中的数据不加转换地输出到外存,存入文件,就是二进制文件。

3. 文件类型指针

C 语言编译环境提供的 stdio.h 头文件中有文件类型 FILE 的结构体声明,每个被使用的数据文件都在内存中开辟一个 FILE 类型的结构体变量,用来存放的是文件的有关信息,建立文件与程序的关联。通过文件类型指针变量程序可从数据文件中存取数据。程序必须为每一个使用的数据文件定义对应的指针变量。如:

```
FILE  *fp1 , *fp2;
```

4. 文件的操作

本章主要实践内容是文件的操作,文件的操作是靠文件函数的使用来实现的。常用的文件函数主要包括如下几类函数:

(1) 文件的打开与关闭函数,文件打开函数执行时,计算机为对应的数据文件建立文件类型的结构体变量,建立数据文件与程序的连接,程序就可以对文件进行操作了。文件的关闭函数执行时,将内存需要保存的数据存入外存,断开程序与数据文件的连接,删除文件结构体变量,系统回收结构体变量所占用的内存。

(2) 顺序读写数据文件的函数。在顺序写时,先写入的数据存放在数据文件中前面的位置,后写入的数据存放在数据文件中后面的位置。在顺序读时,先读数据文件中前面的数据,后读数据文件中后面的数据。

(3) 随机读写数据文件的函数。随机读写数据文件可以根据需要对任何位置上的数据进行访问。每个正在使用的文件都有一个文件读写位置标记用于文件的读写控制，通过改变文件读写位置标记可以随机读取所需的数据，也可以将数据写入指定位置。

（4）文件的错误处理函数。通过文件读写出错检测函数程序可随时监控数据文件的使用状态，控制程序的走向。

5. 文件操作的常用函数

（1）文件打开函数。

```
fopen(文件名,使用文件方式);
```

只有打开的数据文件程序才能进行读或写操作，所以使用数据文件首先要打开文件。fopen()函数有两个参数，文件名和使用文件方式，文件名是磁盘文件名，使用文件方式包括读 r、写 w、追加 a 等。常用的文件打开方式类似下面的例子：

```
if ((fp = fopen("d:\filename","w") = = NULL)
    {printf("cannot open this file. \n");  exit(0);}
```

其中，fp 是文件类型的指针，用于关联于磁盘文件 d:\filename。如果 fopen()函数带回一个空指针值 NULL 表示文件打开错误，程序将给出错误提示信息 cannot open this file. 并结束程序执行。exit(0)函数的作用是关闭所有文件，终止正在执行的程序。

（2）文件关闭函数。

```
fclose(文件指针)
```

文件使用后必须关闭，如果不关闭文件将会丢失数据。

（3）从 fp 指向的文件读入一个字符的函数。

```
fgetc(fp)
```

（4）把字符 ch 写到文件指针变量 fp 所指向文件的函数。

```
fputc(ch,fp)
```

（5）从 fp 所指向的文件读入一个长度为(n－1)的字符串，存入到字符数组 str 中。

```
fgets(str,n,fp)
```

（6）把 str 所指向的字符串写到文件指针变量 fp 所指向文件中。

```
fputs(str,fp)
```

（7）格式化输出函数。

```
fprintf(文件指针,格式字符串,输出表列)
```

格式字符串和输出表列类似于 printf()函数。

（8）格式化输入函数。

```
fscanf(文件指针,格式字符串,输入地址表列)
```

格式字符串和输入地址表列类似于 printf()函数。

（9）二进制文件的读写函数。

用二进制方式向文件读写一组数据的函数fread()和fwrite(),fread()函数从文件中读数据块存入指定地址,fwrite()函数将内存中的数据块不加转换地复制到磁盘文件上,两个函数的参数相似,数据操作方向相反。

```
fread(buffer,size,count,fp)
fwrite(buffer,size,count,fp)
```

buffer:是一个地址,常常是数组的首地址。是待存取数据的地址。

size:要读写数据项的字节数。

count:要读写的数据项个数。

fp:FILE类型的指针变量。

(10) 检查文件是否结束函数。

```
feof(文件指针)
```

(11) 使文件位置标记指向文件开头的函数。

```
rewind(文件指针)
```

(12) 改变文件位置标记的函数。

```
fseek(文件类型指针, 位移量,起始点)
```

起始点用SEEK_SET或0代表文件开始位置,用SEEK_CUR或1代表文件当前位置,用SEEK_END或2代表文件末尾位置。

(13) 测定文件位置标记的当前位置的函数。

```
ftell(文件指针)
```

(14) 测定文件是否出错的函数。

```
ferror(文件指针)
```

(15) 置文件错误标志为0的函数。

```
clearerr(文件指针)
```

9.2 实验目的

(1) 熟悉数据文件的概念,掌握数据文件的使用方法。

(2) 熟悉文件类型指针的概念,掌握程序中文件类型指针的使用。

(3) 掌握数据文件的打开、关闭、读数据、写数据和改变文件指针值等各种文件操作函数的使用。

9.3 实验内容

9.3.1 程序设计

1. 编制程序

打开d:\report.txt,查看其内容,在末尾另起一行追加英文:End of the text.,并查看显示追加后的文件。

【指导】

本题主要练习的是基本文件函数的使用。程序结构可由两个函数组成：主函数、查看函数。

(1) 查看函数：以只读 r 格式打开文件，用 fgetc()函数逐个字符读出文件内容并显示输出。完成读取并显示数据的功能。

(2) 主函数：先查看原数据文件，以追加 a 格式打开文件，用 fputc()函数逐个字符向文件追加内容。完成建立新的数据文件，输出新的数据文件。

【参考程序】

```
#include <stdio.h>
#include <string.h>
void check(char * filename)                    //查看函数
{
    char c;
    FILE * fp;
    if ((fp = fopen(filename,"r")) == NULL)
    {
        printf("cannot open file.\n");
        exit(0);
    }//以只读 r 格式打开文件
    c = fgetc(fp);                             //读取第一个字符用于条件判断
    while(c!= EOF)
    {
        putchar(c);                            //逐个字符显示文件内容
        c = fgetc(fp);
    }//逐个字符读出文件内容
    fclose(fp);                                //关闭文件
}

int main()
{
    FILE * fp;
    char filename[30];
    char add_string[80];
    int i;
    printf("Please input filename:\n");
    gets(filename);                            //输入数据文件名
    printf("The old file is:\n");
    check(filename);                           //显示原文件内容
    if ((fp = fopen(filename,"a")) == NULL)
    {
        printf("cannot open file.\n");
        exit(0);
    }//以追加 a 格式打开文件
    printf("\nPlease input add_string:\n");
    gets(add_string);                          //输入追加字符串
    fputc('\n',fp);                            //向文件输入换行符
    i = 0;
```

```
        while (add_string[i]!= '\0')
        {
            fputc(add_string[i],fp);
            i++;
        }//逐个字符向文件追加字符串
        fclose(fp);                                     //关闭文件
        printf("The added file is:\n");
        check(filename);                                //输出新的数据文件
    }
```

【说明】

(1) exit(0)的含义是结束程序运行,正常退出。

(2) 查看数据文件需多次执行,最好写成独立函数。

2. 读取和排序数据

数据文件 old.dat 中有一批整数,请编制程序,读出 old.dat 中的数据,排序并将排序结果存入新建文件 sorted.dat 中。

【指导】

本题程序由输入函数、排序函数、主函数、输出函数组成。

(1) 输入函数: 以只读 r 格式打开原数据文件,用 fscanf()从文件中读出数据存入数组。

(2) 排序函数: 对数组排序。

(3) 输出函数: 以只写 w 格式打开排序后数据文件,用 fprintf()把排序后的数组写入文件。

(4) 主函数结构如下:

① 调用输入函数,从原数据文件中读取数据存入数组;

② 输出排序前的数组;

③ 调用排序函数,对数组排序;

④ 输出排序后的数组;

⑤ 调用输出函数,把排序后的数组写入输出文件。

【参考程序】

```
#include <stdio.h>
int input(char *filename,int *a)                    //a 为数组首地址
//input()函数功能是从文件中读取数据存入数组
{
    int i,x;
    FILE *fp;
    if ((fp=fopen(filename,"r"))==NULL)
    {
        printf("cannot open file.\n");
        exit(0);
    }                                               //以只读 r 格式打开文件
    i=0;
    while (!feof(fp))
    {
        fscanf(fp,"%d",&x);
```

```
        a[i] = x;
        i++;
    }                                           //从文件中读取数据存入数组
    fclose(fp);
    return i;                                   //i 为数据个数
}

void sort(int * a, int n)                       //排序函数
{
    int i,j,t;
    for(i = 0;i < n - 1;i++)
        for(j = 0;j < n - 1 - i;j++)
            if(a[j]> a[j + 1])
            {
                t = a[j];
                a[j] = a[j + 1];
                a[j + 1] = t;
            }                                   //冒泡排序算法
}

void output(char * filename, int * a, int n)
//把数组 a 中的 n 个数据存入 filename 文件中
{
    int i;
    FILE * fp;
    if ((fp = fopen(filename,"w")) == NULL)
    {
        printf("cannot open file.\n");
        exit(0);
    }                                           //以写 w 格式打开文件
    for (i = 0;i < n;i++)
        fprintf(fp," % 6d",a[i]);               //将数组 a 逐个数据写入文件
    fclose(fp);
}

int main()
{
    char filename[30];
    int i,num,a[100];
    printf("Please input data_filename:\n");
    gets(filename);                             //获取原数据文件名
    num = input(filename,a);                    //从原数据文件读取数据到数组 a 中
    printf("\nThe old data is:\n");
    for (i = 0;i < num;i++)
        printf(" % 6d",a[i]);
    sort(a,num);
    printf("\nThe sorted data is:\n");
    for (i = 0;i < num;i++)
        printf(" % 6d",a[i]);
    printf("Please input sorted_filename:\n");
    gets(filename);                             //获取排序后的数据文件名
```

```
    output(filename,a,num);                    //写入排序后的数据
    return 0;
}
```


【说明】

程序用多个函数完成可使程序的结构更清晰。

3. 二级考试程序设计题中的文件函数

给定正整数 m,求 m 以内的素数之和。例如:当 m=20 时,函数值为 77。

【指导】

本题是二级考试程序设计题,通过本题让学生理解评分函数 yzj()的结构,做好答程序题的心理准备。

(1) int fun(int m)函数是计算 m 以内的素数之和的函数,m 是形参,其初值是主函数中实参变量 x 的值。学生在/ ***** Program ***** /与/ ***** End ***** /之间编写程序,结果通过 return 语句传回给调用函数。

(2) void yzj()是用于评分的函数,in.dat 是输入数据文件,文件内存放 5 个整数,out.dat 是输出数据文件,用于存放 5 个素数和。学生答案 out.dat 文件和标准答案比对,便可给出程序运行评分。

(3) void yzj()的基本功能是:

以读方式打开输入数据文件 in.dat。

以写方式打开输出数据文件 out.dat。

用 fscanf()函数从 in.dat 读数据,用 fun()计算素数和,用 fprintf()函数把素数和写入 out.dat。重复 5 次,处理 5 个数据。用 out.dat 与正确答案比对,评出程序的运行成绩。关闭所用数据文件。

【参考程序】

```
#include <stdio.h>
int fun(int m)//求素数和函数
{
/ *********** Program *********** /
    int i,j,n = 0;
    for (i = 2;i < m;i++)
    {
        for (j = 2;j < i;j++)
            if (i % j == 0)
                break;
        if (i == j)n += i;
    }
    return n;
/ *********** End *********** /
}

int main()
{
    void yzj();
    int x,y;
    scanf("%d", &x);
```

```
    y = fun(x);
    printf("y = %d\n",y);
    yzj();
    return 0;
}

void yzj()                                     //评分函数
{
    FILE *IN, *OUT;
    int iIN,iOUT,i;
    IN = fopen("in.dat","r");                  //打开输入文件 in.dat
    if(IN == NULL)
    {
        printf("Please Verify The Currernt Dir..It May Be Changed");
    }//判断输入文件打开是否正常
    OUT = fopen("out.dat","w");                //打开输出文件 out.dat
    if(OUT == NULL)
    {
        printf("Please Verify The Current Dir.. It May Be Changed");
    }//判断输出文件打开是否正常
    for(i = 0;i < 5;i++)
    {
        fscanf(IN,"%d",&iIN);                  //从 int.dat 中读数据
        iOUT = fun(iIN);                       //调用 fun()函数处理读出的数据
        fprintf(OUT,"%d\n",iOUT);              //将处理结果存入 out.dat
    }
    fclose(IN);
    fclose(OUT);
}
```

9.3.2 程序填空

功能：有 5 个学生，每个学生有 3 门课的成绩，从键盘输入数据(包括学生号，姓名，3 门课成绩)，计算出平均成绩，原有的数据和计算出的平均分数存放在磁盘文件 stud.dat 中。

```
#include <stdio.h>
struct student
{
    char num[6];
    char name[8];
    int score[3];
    float avr;
} stu[5];

void display(char *filename)                   //此函数显示数据文件内容
{
    int i,j;
    struct student studisp[5];
    FILE *fp;
    /************ SPACE ************/
```

```
    if ((fp = ____【1】____) == NULL)
    {
        printf("cannot open file.\n");
        exit(0);
    }
    /*********** SPACE ***********/
    ____【2】____(&studisp[0],sizeof( struct student),5,fp)  ;
    for(i = 0;i < 5;i++)
    {   printf("stuNo:");
        printf(" %s  ",studisp[i].num);
        printf("name :");
        printf(" %s",studisp[i].name);
        printf("score:");
        for(j = 0;  j < 3  ;j++)
        printf(" %5d ",studisp[i].score[j]);
        printf("\n");
    }
    fclose(fp);
}

int main()
{
    int i,j;
    float sum;

    FILE *fp;
    for(i = 0;i < 5;i++)
    {
        printf("\n please input No.  %d score:\n",i + 1);
        printf("stuNo:");
        scanf(" %s",stu[i].num);
        printf("name:");
        scanf(" %s",stu[i].name);
        sum = 0;
        for(j = 0; j < 3; j++)
        {
            printf("score  %d ",j + 1);
            scanf(" %d",&stu[i].score[j]);
            /*********** SPACE ***********/
            sum += ____【3】____;
        }
        stu[i].avr = sum/3;
    }
    if ((fp = fopen("stud.dat","w")) == NULL)
    {
        printf("cannot open file.\n");
        exit(0);
    }
    for(i = 0;i < 5; i++)
    /*********** SPACE ***********/
    if(fwrite(&stu[i],sizeof(____【4】____),1,fp)!= 1)
```

```
    {
        printf("file write error\n");
        exit(0);
    }
    fclose(fp);
    display("stud.dat");
}
```

【参考答案】

【1】 fopen("stud.dat","r")

【2】 fread

【3】 stu[i].score[j]

【4】 struct student

9.3.3 程序改错

程序功能：有 30 条职员信息，将这些信息写入职员文件 e:\emp.txt 中，然后从职员文件 e:\emp.txt 中读取数据输出。

```
#include <stdio.h>
#define SIZE 30
typedef enum { M, F } Gender;
typedef struct
{
    char name[10];
    int age;
    Gender gender;
} Person;

int main()
{
    int i;

    /**************************** FOUND *****************************/
    File *fp;
    Person employee[SIZE];
    Person e_out[SIZE];
    int t;
    printf("Enter %d employee\'s information: \n", SIZE);
    printf("Enter name,age,gender 0-M 1-F\n");
    for( i=0; i<SIZE; i++)
    {
        scanf("%s %d %d", employee[i].name, &employee[i].age, &t);
        employee[i].gender = (Gender) t;
    }
    /**************************** FOUND *****************************/
    if((fp = fopen("d:\emp.txt", "wb")) == NULL)
    {
        printf("cannot open file! \n");
        exit(0);
```

```
    }
    for(i = 0; i < SIZE; i++)
        fwrite(&employee[i], sizeof(Person), 1, fp);
    fclose(fp);
    if((fp = fopen("d:\\emp.txt", "rb")) == NULL)
    {
        printf("cannot open file! \n");
        exit(0);
    }
    printf("\n %d employee\'s information read: \n", SIZE);
    for ( i = 0; i < SIZE; i++)
    {
    /**************************** FOUND ****************************/
        fread(e_out[i], sizeof(Person), 1, fp);
        printf(" % - 5s % 4d ", e_out[i].name, e_out[i].age);
        switch(e_out[i].gender)
        {
            case M : printf(" % 5c \n",   'M'); break;
            case F: printf(" % 5c \n",   'F');break;
        }
    }
    /**************************** FOUND ****************************/
    fclose();
}
```

【参考答案】

(1) FILE * fp;

(2) if((fp = fopen("e:\\emp.txt", "wb")) == NULL)

(3) fread(&e_out[i], sizeof(Person), 1, fp);

(4) fclose(fp);

【程序说明】

(1) 第一处,FILE 必须大写,C 编译系统是严格区分大小写的,只有 FILE 才代表文件结构类型。

(2) 第二处,在 C 语言中\是转义字符,因此需要表示\时用\\才能表示。

(3) 第三处,fread()函数的第一个参数应该是内存中存放数据的存储块的首地址。

(4) 第四处,fclose()函数需要文件指针参数。

9.4 思考题

(1) 请编写程序将英文句子 You are a good student. 写入文本文件 abc.txt 中,然后从文件中读出此句并显示出来。

(2) 请编写程序,其功能是先建立两个文本文件:f1.txt 和 f2.txt,内容不限,然后将 f1.txt 的内容追加到 f2.txt 的末尾。

(3) 将键盘输入的 10 行文字以行为单位(每行不超过 80 个字符)写入文本文件 text.txt,然后从文件中读出,并显示在屏幕上。

(4) 请编写程序，其功能是将两个从小到大排序的数据文件 a.dat 和 b.dat 合并成一个从小到大排序的文件 c.dat。

(5) 建立一个学生六级英语考试成绩的文件 score.dat(未参加考试的成绩标记 0)。每个学生记录含准考证号、学号、姓名、六级英语成绩和考试时间共 5 个字段，学生人数 30(数据从键盘输入)，然后读取文件，将数据记录显示在屏幕上。

第 10 章　综合性程序设计

10.1　实验目的

在已经熟练掌握了 C 语言程序设计基础知识的基础上，进一步练习综合运用 C 语言进行程序设计的方法，学习如何设计复杂问题的算法，以提高分析问题、解决问题的综合编程能力，并能够熟练进行程序设计调试与结果分析。

10.2　实验要求

（1）要求在进行综合性实验之前一定要充分理解、消化相关的概念并熟练掌握程序设计的一般方法。

（2）实验题目可以自选或参考指导性题目。

（3）实验要求独立完成设计、编程、调试与总结。

（4）实验结束后，按要求完成实验报告一份。

10.3　实验内容

1. 存储和读取

利用动态内存存放键盘输入的两个长度不超过 20 的字符串（不允许使用字符数组），并将这两个字符串中对应位置相同的字符显示出来。例如，第一个字符串为 Language，第二个字符串为 Programe，应输出 gae。

【指导】

（1）申请动态内存可以用 malloc()函数和 calloc()函数，它们的差异是前者按字节数申请，只有一个参数；后者按对象的个数及每个对象需要的内存字节数申请，需要两个参数。

（2）申请到的内存起始地址是 void 型的，不能存放数据，必须经过强制类型转换后才能赋给相同的指针变量。

（3）为了显示两个字符串中对应位置相同的字符，应对这两个字符串的字符进行逐一比较，将相同的字符显示出来。比较到较短字符串的末尾为止。

【参考程序】

```
#include <stdlib.h>
#include <stdio.h>
```

```
main()
{
    char *p1, *p2;
    int k;
    p1 = (char *)malloc(sizeof(char) * 20);
    p2 = (char *)malloc(sizeof(char) * 20);
    gets(p1);
    gets(p2);
    for(k = 0;p1[k]&&p2[k];k++)
        if(p1[k] == p2[k])
            printf("%c",p1[k]);
}
```

2. 加密

在加密技术中,加密的文字称为密文,解密后的文字称为明文,加密的关键字称为密钥。编写一个加密程序,将存储在文本文件 abc.txt 中的一段文字加密,并存入文件 xyz.txt 中。加密方法是：将每一个字母加上一个序数 x,使之仍为字母,其他字符不变。如果字母加序数后超过字母的范围,则再减去另一个序数 y。序数 x 和 y 作为密钥保存在另一文件 key.txt 中。

例如,下面的一段文字：Don't believe Mr Brown,he is a double spy.

加密后的密文为：Its'y gjqnjaj Rw Gwtbs,mj nx f itzgqj xud.

【指导】

(1) 读入文件 key.txt 中的密钥,分别存放在变量 x、y 中。

(2) 读入文本 abc.txt 中的每个字符,对其中的字母进行加密处理,并将加密后的文字写入文件 xyz.txt 中,最后写入 EOF 作为密文的结尾。

【参考程序】

```
#include <stdio.h>
main()
{
    FILE *f1, *f2, *f3;
    int x,y;
    char ch;
    if((f1 = fopen("key.txt","r")) == NULL)
        { printf("The file key.txt can't open\n"); exit(0); }
    if((f2 = fopen("abc.txt","r")) == NULL)
        { printf("The file abc.txt can't open\n"); exit(0); }
    if((f3 = fopen("xyz.txt","w")) == NULL)
        { printf("The file xyz.txt can't open\n"); exit(0); }
    fscanf(f1,"%d%d",&x,&y);                    //读入密钥
    while((ch = fgetc(f2))!= EOF)               //读入明文并加密
    {
        if(ch>= 'A'&&ch<= 'Z')
        {
            ch += x;
            if(ch>'Z')
            ch -= y;
        }
```

```
        if(ch>='a'&&ch<='z')
        {
            ch+=x;
            if(ch>'z')
            ch-=y;
        }
        fputc(ch,f3);                              //密文结束标志
    }
fputc(0xff,f3);
fclose(f1);
fclose(f2);
fclose(f3);
}
```

3. 删除数组元素

编写程序删除同时出现在两个数列中的所有的数。

例如,有两个数组:

a={3,5,6,6,7,8,8,10,11,13},b={2,4,6,7,8,8,9,10,12,13}

删除后,a={3,5,11},b={2,4,9,12}。

【指导】

解决本题需要分为两步考虑:

(1) 查找两个数组a和b中的相同元素:顺序从a中取出一个元素,依次与数组b中的元素比较,若相同,就记下该相同元素在两个数组中的下标,并调用删除数组元素的子程序删除该元素。注意:既要删除两个数组中相同的元素,还要删除同一数组中的相同元素。

(2) 从数组中删除指定的元素:如果要删除数组a中第i个元素,只要将变量j指向对应元素,然后将后边的元素依次向前移动一个位置即可:

```
for (j=i;j<n-1;j++)
    a[j]=a[j+1];
```

每删除一个元素,数组有效元素的个数将减少一个,需要设置一个变量来记录被删除的数组元素的个数。

【参考程序】

```
int del(int s[],int x,int n)                  //删除数组中与x相同的元素
{
    int i,j,k;
    k=0;
    for (i=0;i<=n-1-k;i++)
        if (s[i]==x)
        {
            for (j=i;j<=n-2-k;j++)
                s[j]=s[j+1];
            k++;                               //变量k记录数组被删除元素的个数
            i--;                               //使变量向前移动,以保证考察数组中每一个元素
        }
    return k;                                  //函数返回值为数组被删除元素的个数
}
```

```
main()
{
    int a[10] = {3,5,6,6,7,8,8,10,11,13};
    int b[10] = {2,4,6,7,8,8,9,10,12,13};
    int i,j,da,db,flag,m = 10,n = 10;          //数组 a,b 长度分别用 m,n 表示
    printf("\nThe original array a is:\n");  //输出原始 a 数组
    for (i = 0;i <= m - 1;i++)
    printf(" % 5d",a[i]);
    printf("\nThe original array b is:\n");  //输出原始 b 数组
    for (i = 0;i <= n - 1;i++)
        printf(" % 5d",b[i]);
    da = 0,db = 0;flag = 0;                    //初始化数组删除元素的数目和标记变量 flag
    for (i = 0;i <= m - 1 - da;i++)
    {
        for (j = 0;j <= n - 1 - db;j++)        //测试元素 a[i]是否出现在数组 b 中
        if (a[i] == b[j])
        {
            flag = 1;
            break;                             //同时出现,修改 flag,并结束内层循环
        }
        if (flag)                              //flag == 1,删除 a,b 数组相应的元素
        {
            da += del(a,a[i],m - da);
            i -- ;
            db += del(b,b[j],n - db);
            flag = 0;
        }
    }
    printf("\nAarray a after deleting is:\n");//输出删除后的数组 a,b
    for (i = 0;i <= m - da - 1;i++)
        printf(" % 5d",a[i]);
    printf("\nArray b after deleting is:\n");
    for (i = 0;i <= n - db - 1;i++)
        printf(" % 5d",b[i]);
}
```

【综合性设计参考题目】

以下题目供参考,可以根据自己的学习情况从中选择一个题目作为综合性练习的内容,也可以结合自己感兴趣的题目自拟题目。

1. 函数计算器设计

问题描述:输入函数表达式,输出计算结果或相应的错误提示。表达式的运算对象为实数常数,函数包括加、减、乘、除、正弦、余弦、指数、对数,分别用 add、sub、mul、div、sin、cos、exp、log 来代表,正弦和余弦函数只有一个参数,其他函数都有两个参数,如表 10.1 所示。

表 10.1　函数计算实例

输入表达式	含　义	结　果
add(1.5,2)	1.5+2	3.5
sub(1.5,2)	1.5−2	−0.5

续表

输入表达式	含 义	结 果
mul(1.5,2)	1.5×2	3.0
div(1.5,2)	1.5/2	0.75
sin(3.14159)	$\sin\pi$	0
cos(3.14159)	$\cos\pi$	−1
exp(2,3)	2^3	8
log(10,2)	lg2	0.3010
div(add(1.5,2),sub(1.5,2))	(1.5+2)/(1.5−2)	−7

2. 为某小型会议设计一个参会人员管理程序

要求：

(1) 登录参会人员的下列信息：

- 姓名(name)。
- 性别(sex)。
- 年龄(age)。
- 房间号(设每个房间只住一人)(romm_num)。

(2) 程序应分别用两个函数实现下列功能：

- 随时对报到人员进行登录(login)。
- 随时按所住房间号(由小到大)输出已报到人员信息(print)。
- 输入59人的数据并按房间号由小到大顺序输出这些数据。
- 程序中变量要使用题目中给定的英文名词。

3. 计算学分

假设某班有30个学生，每人上6门课，如表10.2所示。

表10.2 学分表

学号	数学	哲学	物理	外语	化学	计算机	总分	名次
93001	89	91	70	80	77	81		
93002	76	87	90	81	82	73		

请编程序先计算各人的总分，然后排出名次。

4. 编写通讯录程序

创建(Create)通讯录，并对它进行增加(Add)、查询(Find)、修改(Alter)、删除(Delete)、显示记录(List)等操作，要求设置菜单(Menu)退出(Quit)功能，通讯录人数定为30人，每人信息为姓名、年龄、性别、家庭电话、手机号码。

5. 文件操作

建立一个文本文件，并设计以下操作函数：

(1) 从键盘输入若干学生数据(姓名、英语成绩、物理成绩、高等数学成绩及总分)。

(2) 按姓名从中查找某一个学生的所有成绩。

(3) 将文本文件中的学生数据按总分进行排队。

6. 处理居民数据

居民数据包括：姓名(name)、出生时间(birthday)、性别(sex)、身份证号(num)、民族(nationality)、文化程度(education)、住址(address)、电话号码(telNum)、电子邮件地址(Email)。

(1) 设计一个用数组处理一批居民数据的C语言程序。

(2) 对上述居民数据按英文字母排序。

(3) 设计一个用链表处理一批居民数据的C语言程序。

(4) 对上述居民数据按年龄进行升序排序

(5) 在已排好的居民链表中，删去一人或增加一人。

【实验报告书写规范】

(1) 题目说明：要求给出题目内容、学号、姓名、完成日期。

(2) 算法分析与设计：要求给出设计思路与流程图。

(3) 源程序清单：要求对变量和语句进行适当注释。

(4) 程序运行状态与调试结果。

(5) 实验结果分析与总结(算法分析、实验的收获、体会与建议)。

(6)《综合性实验报告》模板参见附件。

附件　综合性实验报告模板

“C 语言程序设计”综合性实验报告

学　　号		姓　　名	
完成日期		指导教师	
题目说明			

一、算法设计分析与设计

二、源程序清单(给出必要的注释)

三、程序运行状态与调试结果

四、实验结果分析与总结(要求从以下两个方面给出详细的分析和总结)

(1) 针对实验题目的算法分析、运行结果与调试过程给出详细的总结与分析。

(2) 实验的收获与体会。

第二部分

C 语言程序设计习题

第1章　C语言程序初步与基本数据类型

一、选择题

1. C语言程序的基本结构是________。

   A. 函数　　B. 语句　　C. 字符　　D. 程序行

2. 以下叙述中错误的是________。

   A. C语言源程序经编译后生成后缀为.obj的文件是一个二进制文件

   B. 计算机不能直接执行用C语言编写的源程序

   C. 后缀为.obj的文件经连接程序生成后缀为.exe的文件是一个二进制文件

   D. 后缀为.obj和.exe的二进制文件都可以直接运行

3. 一个C程序的执行是从________。

   A. 本程序的主函数开始,到本程序的主函数结束

   B. 本程序的第一个函数开始,到本程序的最后一个函数结束

   C. 本程序的主函数开始,到本程序的最后一个函数结束

   D. 本程序的第一个函数开始,到本程序的主函数结束

4. 以下叙述中不正确的是________。

   A. 一个C源程序必须有且只能有一个主函数

   B. 一个C源程序可以含一个或多个C源程序文件

   C. 在C程序中注释说明只能位于一条语句之后

   D. C程序的基本结构是函数

5. 一个C语言程序由________。

   A. 若干过程组成　　B. 若干子程序组成

   C. 若干程序段组成　　D. 若干函数组成

6. 以下叙述中正确的是________。

   A. C语言比其他语言高级

   B. C语言可以不用编译就能被计算机识别执行

   C. C语言以接近英语国家的自然语言和数学语言作为语言的表达形式

   D. C语言的每条可执行语句和非执行语句最终都将被转换成二进制的机器指令

7. 以下叙述中正确的是________。

   A. C语言规定只有主函数可以调用其他函数

   B. 一个C语言的函数中只允许有一对花括号

   C. C语言中的标识符可以用大写字母书写

   D. 在对程序进行编译的过程中,可发现注释中的拼写错误

8. 计算机直接能直接执行的程序是________。

A. 源程序　　B. 目标程序　　C. 汇编程序　　D. 可执行程序

9. 能将高级语言编写的源程序转换为目标程序的软件是________。

A. 汇编程序　　B. 编译程序　　C. 解释程序　　D. 编辑程序

10. 以下叙述中正确的是________。

A. C程序中的注释只能出现在程序的开始位置和语句的后面

B. C程序书写格式严格,要求一行内只能写一个语句

C. C程序书写格式自由,一个语句可以写在多行上

D. 用C语言编写的程序只能放在一个程序文件中

11. 以下叙述中正确的是________。

A. 用C语言实现的算法必须要有输入和输出操作

B. 用C语言实现的算法可以没有输出但必须要有输入

C. 用C语言实现的算法可以没有输入但必须要有输出

D. 用C语言实现的算法可以既没有输入也没有输出

12. 下面的单词中属于C语言保留字的是________。

A. Int　　B. typedef　　C. ENUM　　D. unien

13. 以下叙述中正确的是________。

A. C程序中注释部分可以出现在程序中任何合适的地方

B. 花括号"{"和"}"只能作为函数体的定界符

C. 构成C程序的基本单位是函数,所有的函数名都可以由用户命名

D. 分号是C语句之间的分隔符,不是语句的一部分

14. 以下不合法的数值常量是________。

A. 011　　B. 3e2　　C. 8.0E0.5　　D. 0x9ad

15. 以下不合法的用户标识符是________。

A. j2_KEY　　B. Double　　C. 4d　　D. _8_

16. 以下选项中不能作为C语言合法常量的是________。

A. 'CD'　　B. 0.1e+6　　C. '\011'　　D. "a"

17. 在C语言中(以16位PC为例),五种基本数据类型存储空间长度的排列顺序是________。

A. char < int < long int <= float < double

B. char = int < long int <= float < double

C. char < int < long int = float = double

D. char = int = long int <= float < double

18. 下列四组常数中,均是合法整型常量的一组是________。

A. 160　　0xffff　　011　　B. -0xcdf　　01a　　0xe

C. -01　　986,012　　0668　　D. -0x48a　　2e5　　0x

19. 在C语言的变量类型说明中,int、char、float等类型的长度是________

A. 固定的　　B. 由用户自己定义的

C. 任意的　　D. 与机器字长有关的

20. 在C语言中,下面合法的长整型数是________。

A. 0L　　B. 4962710　　C. 0.054838743　　D. 2.1869e10

21. 下列四组转义字符中,均合法的一组是________。

A. '\t'　'\\'　'\n'　　B. '\'　'\017'　'\x'

C. '\018'　'\f'　'\xab'　　D. '\0'　'\101'　'\f'

22. 当用#define　X　23.6f 定义后,下列叙述中正确的是________。

A. X是实型数　　B. X是字符型数　　C. X无类型　　D. X是字符串

23. 若有说明语句：char c='\101'; 则变量c________。

A. 包含一个字符　　B. 包含两个字符

C. 包含三个字符　　D. 说明不合法

24. 下面程序的输出是________。

```
main()
{   unsigned short int a = 32768;
    printf("a = % hd\n", a);
}
```

A. a=32768　　B. a=32767　　C. a=−32768　　D. a=−1

25. 执行 printf("%hx,%ho,%hd\n",−1, −1, −1);后输出结果是________。

A. −1, −1, −1　　B. ffff, −01, −1

C. ffff,　32767, −1　　D. ffff, 177777, −1

26. 下面四个选项中，均是合法的浮点数的选项是________。

A. 1e+1　5e−9.4　03e2

B. −.60　12e−4　−8e5

C. 123e　1.2e−.4　+2e−1

D. −e3　e−4　5.e−0

27. 执行语句 printf("%hu\n", −32768); 的输出结果是________。

A. 32768　　B. 0　　C. −1　　D. 不确定值

28. 以下有关宏的不正确叙述是________。

A. 宏名无类型　　B. 宏替换只是字符替换

C. 宏名必须用大写字母表示　　D. 宏替换不占用运行时间

29. 已知字母'A'的ASCII码为十进制的65,下面程序输出是________。

```
main()
{   char ch1, ch2;
    ch1 = 'A' + '5' - '3';
    ch2 = 'A' + '6' - '3';
    printf(" % d, % c\n", ch1, ch2);
}
```

A. 67, D　　B. B, C　　C. 不确定的值　　D. C, D

30. 若函数中有定义语句“int　k;”,则________。

A. 系统将自动给k赋初值0　　B. 这时k中的值不确定

C. 系统将自动给k赋初值1　　D. 这时k中无任何值

31. C源程序不能表示的数制是________。

A. 二进制　　B. 八进制　　C. 十进制　　D. 十六进制

32. 计算机高级语言程序的运行方法有编译执行和解释执行两种,以下叙述中正确的是________。

A. C语言程序仅可以编译执行

B. C语言程序仅可以解释执行

C. C语言程序既可以编译执行又可以解释执行

D. 以上说法都不对

33. 以下叙述中错误的是________。

A. C语言的可执行程序是由一系列机器指令构成的

B. 用C语言编写的源程序不能直接在计算机上运行

C. 通过编译得到的二进制目标程序需要连接才可以运行

D. 在没有安装C语言集成开发环境的机器上不能运行C源程序生成的.exe文件

34. 以下选项中不能用作C程序合法常量的是________。

A. 1,234　　B. '\123'　　C. 123　　D. "\x7G"

35. 以下选项中可用作C程序合法实数的是________。

A. .1e0　　B. 3.0e0.2　　C. E9　　D. 9.12E

第2章　运算符与表达式

一、选择题

1. 设 ch 是 char 型变量，其值为 A，则表达式：ch=(ch>='A'&& ch<='z')?(ch+32):ch 的值是________。

A. Z　　B. a　　C. z　　D. A

2. C 语言中，要求运算量必须是整型的运算符是________。

A. +　　B. /　　C. %　　D. *

3. 设 a 为整型变量，不能正确表达数学关系：10<a<15 的 C 语言表达式是________。

A. 10<a<15　　B. a=11||a==12||a==13||a==14

C. a>10 && a<15　　D. !(a<=10)&&!(a>=15)

4. 表达式 5!=3 的值是________。

A. T　　B. 非零值　　C. 0　　D. 1

5. 若有定义语句："int x=10;"，则表达式 x-=x+x 的值为________。

A. -20　　B. -10　　C. 0　　D. 10

6. 表达式：(int)((double)9/2)-(9)%2 的值是________。

A. 0　　B. 3　　C. 4　　D. 5

7. 若希望当 A 的值为奇数时，表达式的值为"真"，A 的值为偶数时，表达式的值为"假"，则下面不能满足要求的表达式是________。

A. A%2==1　　B. !(A%2==0)　　C. !(A%2)　　D. A%2

8. 若 d 为 double 型变量，则表达式 d=1，d+5，d++的值是________。

A. 1　　B. 6.0　　C. 2.0　　D. 1.0

9. 为表示关系 x≥y≥z，应使用的 C 语言表达式是________。

A. (x>=y)&&(y>=z)　　B. (x>=y)AND(y>=z)

C. x>=y>=z　　D. (x>=y)&(y>=z)

10. a、b 均为整数，且 b≠0，则表达式 a/b*b+a%b 的值是________。

A. a　　B. b

C. a 被 b 除的整数部分　　D. a 被 b 除商的整数部分

11. sizeof(double)是________。

A. 一种函数调用　　B. 一个双精度表达式

C. 一个整型表达式　　D. 一个不合法的表达式

12. 设有以下语句：int x=10；x+=3+x%(-3)；则 x 的值是________。

A. 14　　B. 15　　C. 11　　D. 12

13. 语句 printf("a\bre\'hi\'y\\\bou\n");的输出结果是(说明：'\b'是退格符)________。

A. a\bre\'hi\'y\\\bou　　B. a\bre\'hiy\bou

C. re'hi'you　　D. abre'hi'\bou

14. 以下符合C语言语法的表达式是________。

A. d=9+e+f=d+9　　B. d=9+e,f=d+9

C. d=9+e=e++, d+9　　D. d=9+e++=d+7

15、设x、y、z、s均为int型变量，且初值均为1，则执行语句 s=++x||++y&&++z; 后，s的值为________。

A. 不确定值　　B. 2　　C. 1　　D. 0

16. 设x为int型变量，则执行语句 x=10;　x+=x-=x-x; 后，x的值为________。

A. 10　　B. 20　　C. 40　　D. 30

17. 若已定义x和y是整型变量，且x=5，则表达式 y=2.75+x/2 的值是________。

A. 5.5　　B. 5　　C. 4　　D. 4.0

18. 以下程序的输出结果是________。

```
main()
{   int a = 12,b = 12;
    printf(" % d, % d\n", - - a, ++b);
}
```

A. 10,10　　B. 12,12　　C. 11,10　　D. 11,13

19. 若有定义 int a=12; 则表达式 a+=a-=a*=a 的值是________。

A. 0　　B. -264　　C. -144　　D. 132

20. 若已定义 int a; 则表达式 a=10, ++a, a++的值是________。

A. 20　　B. 10　　C. 21　　D. 11

21. 执行以下程序，输出结果是________。

```
main()
{    int a = 353;
     char b;
     b = a;
     printf(" % c\n", b);
}
```

A. b　　B. a　　C. 65　　D. 错误信息

22. 下面程序输出结果是________。

```
main()
{    int a =- 1, b = 4, k;
     k = (a++< = 0)&&(!(b --< = 0));
     printf(" % d, % d, % d\n", k, a, b);
}
```

A. 1,1,2　　B. 1,0,3　　C. 0,1,2　　D. 0,0,3

23. 以下选项中正确的定义语句是________。

A. double a; b;　　　　B. double a=b=7;

C. double a=7, b=7;　　　　D. double, a, b;

24. 下面程序的输出结果是________。

```
main()
{   int x, y, z;
    x = y = 1;
    z = x++, y++, ++y;
    printf(" %d, %d, %d\n", x, y, z);
}
```

A. 2,3,3　　B. 2,3,2　　C. 2,3,1　　D. 2,2,1

25. 若变量 x、y 已正确定义并赋值,则以下正确的表达式是________。

A. x=y*5=x+z　　　　B. int(15.8%5)

C. x=y+z+5, ++y　　　　D. x=25%5.0

26. 有以下定义: int a; long b; double x,y; 则以下选项中正确的表达式是________。

A. a%(int)(x−y)　　　　B. a=x!=y;

C. (a*y)%b　　　　D. y=x+y=x

27. 表达式 a+=a−=a=9 的值是________。

A. 9　　B. −9　　C. 18　　D. 0

28. 若有定义语句: int a=3,b=2,c=1;,以下选项中错误的赋值表达式是________。

A. a=(b=4)=3;　　　　B. a=b=c+1;

C. a=(b=4)+c;　　　　D. a=1+(b=c=4);

29. C 语言的编译系统对宏命令的处理是________。

A. 在正式编译之前先行处理的

B. 和 C 程序中的其他语句编译同时进行的

C. 在程序连接时进行的

D. 在程序运行时进行的

30. 以下有关宏替换的叙述不正确的是________。

A. 宏名不具有类型

B. 宏名必须用大写字母表示

C. 宏替换只是在编译之前对源程序中字符的简单替换

D. 宏替换不占用程序的运行时间

31. 下列程序的运行结果是________。

```
#define  PI  3.141593
main()
{  printf("PI = %f",PI);
}
```

A. 3.141593=3.141593　　　　B. PI=3.141593

C. 3.141593=PI　　　　D. 程序有误,无结果

第 3 章　顺序结构与数据的输入输出

一、选择题

1. 已知 ch 是字符型变量，则下面正确的赋值语句是________。

   A. ch='123'；　　B. ch='\xff'；　　C. ch='\08'；　　D. ch="\"；

2. 下列选项中，不正确的语句是________。

   A. ++t；　　B. n1=(n2=(n3=0))；

   C. k=i==j；　　D. a=b+c=1；

3. 下面程序的输出为________。

```
main()
{    int a;
     printf("%d\n", (a = 3 * 5, a * 4, a + 5));
}
```

   A. 65　　B. 20　　C. 15　　D. 10

4. 设 x 和 y 均为 int 型变量，则执行以下语句的功能是________。

```
x+ = y; y = x - y; x- = y;
```

   A. 把 x 和 y 从大到小排列　　B. 把 x 和 y 从小到大排列

   C. 无确定结果　　D. 交换 x 和 y 的值

5. 已有定义 int x；float y；且执行语句 scanf("%3d,%f", &x, &y)；时，若从第一列开始输入数据 12345,678 <回车>，则 x 的值为________。

   A. 12345　　B. 123　　C. 45　　D. 345

6. printf()函数中用到格式符%5s，其中数字 5 表示输出的字符串占用 5 列，如果字符串长度大于 5，则输出方式是________。

   A. 从左起输出该字符串，右补空格　　B. 按原字符串长从左向右全部输出

   C. 右对齐输出该字符串，左补空格　　D. 输出错误信息

7. 有以下程序段：

```
char ch;
int k;
ch = 'a';
k = 12;
printf("%c, %d, ", ch, ch, k);
printf("k = %d\n", k);
```

已知字符 a 的 ASCII 十进制代码为 97，则执行上述程序后输出的结果是________。

A. 因变量类型与格式描述符不匹配，输出无确定值

B. 输出项与格式描述符个数不符，输出为零值或不确定值

C. a，97，12k=12

D. a，97，k=12

8. 设有输入语句：scanf("a=%d,b=%d,c=%d", &a, &b, &c)；为使变量 a 的值为 1，b 的值为 3，c 的值为 2，则从键盘输入数据的正确形式是________。

A. 132 <回车>　　B. 1,3,2 <回车>

C. a=1 b=3 c=2 <回车>　　D. a=1,b=3,c=2 <回车>

9. 有以下程序：

```
#include < stdio.h >
main()
{   int a1, a2;char c1, c2;
    scanf("%d%c%d%c", &a1, &c1, &a2, &c2);
    printf("%d,%c,%d,%c", a1, c1, a2, c2);
}
```

若想通过键盘输入，使得 a1 的值为 12，a2 的值为 34，c1 的值为 a，c2 的值为 b，程序的输出为"12，a，34，b"，则正确的输入格式是("□"代表一个空格，< CR >代表回车)________。

A. 12a34b < CR >　　B. 12□a□34□b < CR >

C. 12,a,34,b < CR >　　D. 12□a34□b < CR >

10. 下面程序的输出为________。

```
main()
{   unsigned int x = 0xFFFF;
    printf("%u\n", x);
}
```

A. −1　　B. 65535　　C. 32767　　D. 0xFFFF

11. 有以下程序

```
main()
{   int m, n, p;
    scanf("m = %dn = %dp = %d", &m, &n, &p);
    printf("%d%d%d\n", m, n, p);
}
```

若想从键盘上输入数据，使变量 m 中的值为 123，n 中的值为 456，p 中的值为 789，则正确的输入是("□"代表一个空格，< CR >代表回车)________。

A. m=123n=456p=789 < CR >　　B. m=123□n=456□p=789 < CR >

C. m=123，n=456，p=789 < CR >　　D. 123□456□789 < CR >

12. 若变量已正确定义为 int 型，要通过语句 scanf("%d,%d,%d", &a, &b, &c)；给 a 赋值 1，给 b 赋值 2，给 c 赋值 3，以下输入形式中错误的是("□"代表一个空格，< CR >代表回车)________。

A. □□□1,2,3 <CR>　　B. 1□2□3 <CR>
C. 1,□□□2, □□□3 <CR>　　D. 1,2,3 <CR>

13. 下面于复合语句以及空语句的说法正确的是________。
A. 复合语句中的最后一个语句的最后一个分号可以省略
B. 复合语句不可以嵌套
C. 空语句在执行时没有动作,因此没有用途
D. 空语句可以做"延时"使用

14. 以下程序的输出结果是________。

```
main()
{   int x = 102, y = 012;
    printf(" % 2d, % 2d\n", x, y);
}
```

A. 10,01　　B. 02,12　　C. 102,10　　D. 02,10

15. 若输入"123456,abc <回车>",以下程序的执行结果是________。

```
main()
{   int a;  char c1;
    scanf(" % 4d % 3c", &a, &c1);
    printf(" % d, % c\n", a, c1);
}
```

A. 1234,5　　B. 1234,abc
C. 123456,a　　D. 12345,6

16. 以下4个选项中,不能看作一条语句的是________。
A. {;}　　B. a=0, b=0, c=0;
C. if(a>0);　　D. if(b==0) m=1; n=2;

17. 以下关于结构化程序设计的叙述中正确的是________。
A. 一个结构化程序必须同时由顺序、分支、循环三种结构组成
B. 结构化程序使用goto语句会很便捷
C. 在C语言中,程序的模块化是利用函数实现的
D. 由三种基本结构构成的程序只能解决小规模的问题

18. 若有定义和语句: int a,b; scanf("%d,%d",&a,&b);以下选项中的输入数据,不能把值3赋给变量a、值5赋给变量b的是________。
A. 3,5,　　B. 3,5,4　　C. 3 　,5　　D. 3,5

19. 有以下程序

```
# include < stdio.h >
main()
{   int x = 011;
    printf(" % d\n", ++x);
}
```

程序运行后的输出结果是________。

A. 12　　B. 11　　C. 10　　D. 9

二、填空题

1. 以下程序运行后的输出结果是________。

```
#include <stdio.h>
main()
{   int a;
    a = (int)((double)(3/2) + 0.5 + (int)1.99 * 2);
    printf("%d\n",a);
}
```

2. 有以下程序(说明：字符'0'的ASCII码值为48)

```
#include <stdio.h>
main()
{   char c1,c2;
    scanf("%d",&c1);
    c2 = c1 + 9;
    printf("%c%c\n",c1,c2);
}
```

若程序运行时从键盘输入48<回车>,则输出结果为________。

第 4 章 选择结构程序设计

一、选择题

1. 若有条件表达式 x ? a++：b--，则以下表达式中能完全等价于表达式 x 的是________。

A. (x==0)　　B. (x!=0)　　C. (x==1)　　D. (x! =1)

2. 已知 int x=10,y=20,z=30；则执行以下语句后，x,y,z 的值是________。

```
if(x>y)
    z=x; x=y; y=z;
```

A. x=10，y=20，z=30　　B. x=20，y=30，z=30

C. x=20，y=30，z=10　　D. x=20，y=30，z=20

3. 以下选项中，两条条件语句语义等价的是________。

A. if(a=2) printf("%d\n", a);
   if(a==2) printf("%d\n", a);

B. if(a-2) printf("%d\n", a);
   if(a!=2) printf("%d\n", a);

C. if(a) printf("%d\n", a);
   if(a==0) printf("%d\n", a);

D. if(a-2) printf("%d\n", a);
   if(a==2) printf("%d\n", a);

4. 若运行下面程序时，给变量 a 输入 15，则输出结果是________。

```
main()
{   int a, b;
    scanf("%d", &a);
    b=a>15?a+10:a-10;
    printf("%d\n", b);
}
```

A. 5　　B. 25　　C. 15　　D. 10

5. 下列程序的执行结果是________。

```
main()
{   int x=0, y=1, z=0;
    if (x=z=y)
        x=3;
    printf("%d,%d\n", x, z);
}
```

A. 3,0　　B. 0,0　　C. 0,1　　D. 3,1

6. 下列程序执行后的输出结果是________。

```
main()
```

```
{   int x, y = 1, z;
    if ((z = y)< 0)
        x = 4;
    else if (y == 0) x = 5;
        else x = 6;
    printf(" % d, % d\n", x, y);
}
```

A. 4,1　　B. 6,1　　C. 5,0　　D. 出错信息

7. 下面程序的运行结果是________。

```
main()
{   int x = 100, a = 10, b = 20, ok1 = 5, ok2 = 0;
    if (a < b)
        if (b!= 15)
            if (!ok1)
                x = 1;
            else
                if (ok2) x = 10;
    x = - 1;
    printf(" % d\n", x);
}
```

A. −1　　B. 0　　C. 1　　D. 不确定的值

8. 运行下面程序时,若从键盘输入 3,4 <回车>,则程序的输出结果是________。

```
main()
{   int a, b, s;
    scanf(" % d, % d", &a, &b);
    s = a;
    if (s < b) s = b;
    s = s * s;
    printf(" % d\n", s);
}
```

A. 14　　B. 16　　C. 18　　D. 20

9. 运行下面程序时,从键盘输入字母 H,则输出结果是________。

```
#include < stdio.h >
main()
{   char ch;
    ch = getchar();
    switch(ch)
    {   case 'H': printf("Hello!\n ");
        case 'G': printf("Good morning!\n");
        defualt : printf("Bye_Bye!\n");
    }
}
```

A. Hello!　　B. Hello!
Good Morning!

C. Hello!
Good morning!
Bye_Bye!

D. Hello!
Bye_bye!

10. 下面程序运行时,若从键盘输入 5 <回车>,则输出结果是________。

```
main()
{   int a;
    scanf("%d", &a);
    if (a++>5) printf("%d\n", a);
    else printf("%d\n", a--);
}
```

A. 7　　B. 6　　C. 5　　D. 4

11. 下面程序的输出结果是________。

```
main()
{   int x=2, y=-1, z=2;
    if (x<y)
        if (y<0) z=0;
        else z+=1;
    printf("%d\n", z);
}
```

A. 3　　B. 1　　C. 2　　D. 0

12. 运行下面程序时,从键盘输入 12,34,9 <回车>, 则输出结果是________。

```
main()
{   int x, y, z;
    scanf("%d,%d,%d", &x, &y, &z);
    if (x<y)
        if (y<z) printf("%d\n", z);
        else printf("%d\n", y);
    else if (x<z) printf("%d\n", z);
    else printf("%d\n", x);
}
```

A. 34　　B. 12　　C. 9　　D. 不确定的值

13. 以下程序段运行结果是________。

```
int w=3, z=7, x=10;
printf("%d\n", x>10 ? x+100 : x-10);
printf("%d\n", w++||z++);
printf("%d\n", w>z);
printf("%d\n", w&&z);
```

A. 0
1
1
1

B. 1
1
1
1

C. 0
1
0
1

D. 0
1
0
0

14. 执行以下程序的输出结果是________。

```
main()
{   int k = 4, a = 3, b = 2, c = 1;
    printf(" % d\n", k < a? k: c < b? c: a);
}
```

A. 4　　　　B. 3　　　　C. 2　　　　D. 1

15. 执行下列程序时，若键盘输入字母 B<回车>，则程序的运行结果是________。

```
# include < stdio. h >
main()
{   int j, k; char cp;
    E: cp = getchar();
    if (cp >= '0'&&cp <= '9')
        k = cp - '0';
    else if (cp >= 'a'&&cp <= 'f')
        k = cp - 'a' + 10;
    else if (cp >= 'A'&&cp <= 'F')
        k = cp - 'A' + 10;
    else goto E;
    printf(" % d\n", k);
}
```

A. 11　　　　B. 14　　　　C. 15　　　　D. 10

16. 以下程序段的运行结果是________。

```
int x = - 1, y = - 1, z = - 1;
printf(" % d, % d, % d, % d\n", (++x&&++y&&++z), x, y, z);
```

A. 0，−1，−1，−1　B. 0,0,0,0　C. 1,1,1,1　　D. 1，−1，−1，−1

17. 以下程序的运行结果是________。

```
main()
{   int a = 0, b = 1, c = 0, d = 20, x;
    if (a) d = d - 10;
    else if (!b)
        if (!c) x = 15;
        else x = 25;
    printf(" % d\n", d);
}
```

A. 15　　　　B. 25　　　　C. 20　　　　D. 10

18. 运行下面程序时，输入数据为 4,13,5 <回车>，则输出结果是________。

```
main()
{   int a, b, c;
    scanf(" % d, % d, % d", &a, &b, &c);
    switch (a)
    {
        case 1: printf(" % d\n", b + c); break;
        case 2: printf(" % d\n", b - c); break;
        case 3: printf(" % d\n", b * c); break;
```

```
            case 4: { if (c!= 0) { printf(" % d\n", b/c); break;}
                      else { printf("error\n"); break;}
                    }
            default: break;
        }
}
```

A. 2　　B. 8　　C. 65　　D. error

19. 以下程序的输出结果是________。

```
main()
{   int x = 3, y = 4, z = 4;
    printf(" % d,", (x >= y >= z)? 1: 0);
    printf(" % d\n", z >= y&&y >= x);
}
```

A. 0,1　　B. 1,0　　C. 1,1　　D. 0,0

20. 运行以下程序时,若输入 1605 <回车>,程序的输出结果是________。

```
main()
{   int t, h, m;
    scanf(" % d", &t);
    h = (t/100) % 12;
    if (h == 0) h = 12;
    printf(" % d:", h);
    m = t % 100;
    if (m < 10) printf("0");
    printf(" % d", m);
    if (t < 1200||t == 2400) printf("AM");
        else printf("PM");
}
```

A. 6:05PM　　B. 4:05PM　　C. 16:05AM　　D. 12:05AM

21. 运行下面程序段时,若从键盘输入字母 b <回车>,则输出结果是________。

```
char c;
c = getchar();
if (c >= 'a'&&c <= 'u') c = c + 4;
    else if (c >= 'v'&&c <= 'z') c = c - 21;
        else printf("input error!\n");
putchar(c);
```

A. g　　B. w　　C. f　　D. d

22. 运行下面程序时,若键盘输入 6,5,7 <回车>,则输出结果是________。

```
main()
{   int a, b, c;
    scanf(" % d, % d, % d", &a, &b, &c);
    if (a > b)
        if (a > c)
            printf(" % d\n",a);
```

```
        else
    printf(" %d\n",c);
    else
      if (b>c)
            printf(" %d\n",b);
        else
            printf(" %d\n",c);
}
```

A. 5　　B. 6　　C. 7　　D. 不定值

23. 有以下程序段

```
int a, b, c;
a = 10; b = 50; c = 30;
if(a > b) a = b; b = c; c = a;
printf("a = %d b = %d c = %d", a, b, c);
```

程序的输出结果是________。

A. a=10 b=50 c=10　　B. a=10 b=50 c=30
C. a=10 b=30 c=10　　D. a=10 b=30 c=50

24. 运行下面程序是,若从键盘输入 3,5 <回车>,则程序的输出结果是________。

```
main()
{   int x, y;
    scanf(" %d, %d", &x, &y);
    if (x == y)
        printf("x == y");
    else if (x > y)
        printf("x > y");
    else
        printf("x < y");
}
```

A. 3<5　　B. 5>3　　C. x>y　　D. x<y

25. 下面程序的运行结果是________。

```
main()
{   int x = 1, y = 0, a = 0, b = 0;
    switch(x)
    { case 1: switch(y)
              {  case 0: a++; break;
                 case 1: b++; break;
              }
      case 2: a++; b++; break;
     }
     printf("a = %d, b = %d\n", a, b);
}
```

A. a=2, b=1　　B. a=1, b=1　　C. a=1, b=0　　D. a=2, b=2

26. 若有定义:“float x = 1.5; int a = 1, b = 3, c = 2;”,则正确的 switch 语句

是________。

A.
```
switch (x)
{ case 1.0: printf(" * \n");
  case 2.0: printf(" ** \n");
}
```

B.
```
switch((int)x);
{ case 1: printf(" * \n");
  case 2: printf( ** \n");
}
```

C.
```
switch(a + b)
{ case 1: printf(" * \n");
  case 2 + 1: printf(" ** \n");
}
```

D.
```
switch(a + b)
{ case 1: printf(" * \n");
  case c: printf(" ** \n");
}
```

27. 下面程序的运行结果是________。

```
main()
{   int a = 15, b = 21, m = 0;
    switch (a % 3)
    {     case 0: m++; break;
          case 1: m++;
          default: switch (b % 2)
               {   default: m++;
                   case 0: m++; break;
               }
    }
    printf(" % d\n", m);
}
```

A. 1　　B. 2　　C. 3　　D. 4

28. 下面程序的运行结果是________。

```
main()
{    int a = 2, b = 7, c = 5;
     switch(a > 0)
     {    case 1: switch(b < 0)
               { case 1: switch("@"); break;
                 case 2: printf("!"); break;
               }
          case 0: switch(c == 5)
               { case 0: printf(" * "); break;
                 case 1: printf(" # "); break;
                 case 2: printf(" $ "); break;
               }
          default: printf("&");
     }
     printf("\n");
}
```

A. ! *　　B. * &　　C. ! $　　D. # &

29. 下列运算符中，要求运算量必须是整型或字符型的是________。

A. &&　　B. &　　C. !　　D. +

30. 表达式 0x13&0x17 的值是________。

A. 0x17　　B. 0x13　　C. 0xf8　　D. 0xec

31. 在位运算中，一个非 0 操作数每左移一位，其结果相当于

A. 操作数乘以 2　B. 操作数除以 2　C. 操作数除以 4　D. 操作数乘以 4

32. 语句 printf("%x",~0x13);的输出结果是________。

A. 0xffec　　B. 0xff71　　C. 0xff68　　D. 0xff17

33. 设有以下语句：

```
char  x = 3, y = 6, z;
z = x^y << 2;
```

则 z 的二进制值是________。

A. 00010100　　B. 00011011　　C. 00011100　　D. 00011000

34. 若有定义 int i=2，j=1，k=3;则表达式 i&&(i+j)&k|i+j 的值是________。

A. 3　　B. 4　　C. 1　　D. 2

二、填空题

1. 有以下程序

```
#include
main()
{   int x;
    scanf("%d",&x);
    if(x > 15)printf("%d",x - 5);
    if(x > 10)printf("%d",x);
    if(x > 5)printf("%d\n",x + 5);
}
```

若程序运行时从键盘输入 12 <回车>,则输出结果为________。

2. 以下程序运行后的输出结果是________。

```
#include
main()
{   int x = 10,y = 20,t = 0;
    if(x == y)t = x;x = y;y = t;
    printf("%d %d\n",x,y);
}
```

第5章 循环结构程序设计

一、选择题

1. 给定程序段

```
int k = 2;
while (k = 0){printf(" %d",k);k -- ;}
```

下面描述中正确的是________。

A. while 循环执行 10 次　　B. 循环是无限循环

C. 循环体语句一次也不执行　　D. 循环体语句执行一次

2. 以下程序段的循环次数是________。

```
for (i = 2; i == 0; )  printf(" %d",i -- ) ;
```

A. 无限次　　B. 0 次　　C. 1 次　　D. 2 次

3. 下面程序的输出结果是________。

```
#include <stdio.h>
main ()
{
    int x = 9;
    for (; x > 0; x -- )
    {
        if (x % 3 == 0)
        {
            printf(" %d", -- x);
            continue ;
        }
    }
}
```

A. 741　　B. 852　　C. 963　　D. 875421

4. 下面程序的输出结果是________。

```
#include <stdio.h>
main ()
{
    int k = 0,m = 0,i,j;
    for (i = 0; i < 2; i++)
    {
        for (j = 0; j < 3; j++)
```

```
        k++;
        k -= j ;
    }
    m = i+j ;
    printf("k = %d,m = %d",k,m) ;
}
```

A. k=0,m=3　　B. k=0,m=5　　C. k=1,m=3　　D. k=1,m=5

5. 若运行以下程序时，输入2473↙，则程序的运行结果是________。

```
#include<stdio.h>
int main ()
{
    int c;
    while ((c = getchar( )) != '\n')
    switch (c - '2')
    {
        case 0 :
        case 1 : putchar (c + 4) ;
        case 2 : putchar (c + 4) ; break ;
        case 3 : putchar (c + 3) ;
        default : putchar (c + 2) ; break ;
    }
    printf("\n");
}
```

A. 668977　　B. 668966　　C. 66778777　　D. 6688766

6. 有以下程序

```
#include<stdio.h>
main()
{   int  a = -2,b = 0;
    while(a++&&++b);
    printf("%d,%d\n",a,b);
}
```

程序运行后的结果是________。

A. 1,3　　B. 0,2　　C. 0,3　　D. 1,2

7. 若k是int类型变量，且有以下for语句

```
for (k = -1; k<0; k++)  printf("****\n");
```

下面关于语句执行情况的叙述中正确的是________。

A. 循环体执行一次　　B. 循环体执行两次
C. 循环体一次也不执行　　D. 构成无限循环

8. 有以下程序

```
# include<stdio.h>
main()
{   char  a,b,c;
    b = '1';  c = 'A';
```

```
        for (a = 0; a < 6; a++)
        {   if(a % 2)  putchar(b + a);
            else           putchar(c + a);
        }
    }
```

程序运行后的输出结果是________。

A. 1B3D5F　　B. ABCDEF　　C. A2C4E6　　D. 123456

9. 有以下程序

```
#include< stdio.h>
void func( int  n )
{   int  i;
    for (i = 0; i <= n; i++)  printf(" * ");
    printf(" # ");
}
main()
{   func( 3 );  printf("????");  func(4);  printf("\n");  }
```

程序运行后的输出结果是________。

A. **** #???? *** #　　B. *** #???? **** #

C. ** #???? ***** #　　D. **** #???? ***** #

10. 有以下程序段

```
#include < stdio.h>
main()
{   int a = 7;
    while(a - - );
    printf(" % d\n",a);
}
```

程序运行后的输出结果是________。

A. −1　　B. 0　　C. 1　　D. 7

二、填空题

1. 下面程序的功能是输出 1 至 100 之间每位数的乘积大于每位数的和的数,请填空使程序完整。

```
#include < stdio.h>
int main ()
{
    int n,k = 1,s = 0,m ;
    for (n = 1 ; n <= 100 ; n++)
    {
        k = 1 ; s = 0 ;
        ________________________;
        while (________________________)
        {
            k * = m % 10;
            s += m % 10;
```

```
        ________________;
    }
    if (k > s) printf(" %d",n);
  }
}
```

2. 已知如下公式：

$$\frac{\pi}{2}=1+\frac{1}{3}+\frac{1}{3}\frac{2}{5}+\frac{1}{3}\frac{2}{5}\frac{3}{7}+\frac{1}{3}\frac{2}{5}\frac{3}{7}\frac{4}{9}+\cdots$$

下面程序的功能使根据上述公式输出满足精度要求的 eps 的 π 值，请填空使程序完整。

```
#include <stdio.h>
main ()
{
    double s = 0.0,eps,t = 1.0;
    int n ;
    scanf (" %lf",&eps);
    for (n = 1 ;{________________; n++)
    {
        s += t ;
        t = ________________;
    }
    ________________;
}
```

3. 下面程序段的功能是计算 1000！的末尾有多少个零，请填空使程序完整。

```
#include <stdio.h>
main ()
{
    int i,k;
    for (k = 0,i = 5; i <= 1000; i += 5)
    {
        m = i ;
        while (________________)
        {
            k++;
            m = m/5 ;
        }
    }
    ________________
}
```

4. 下面程序接受键盘上的输入，直到按↙键为止，这些字符被原样输出，但若有连续的一个以上的空格时只输出一个空格，请填空使程序完整。

```
#include <stdio.h>
main ()
{
    char cx , front = '\0' ;
    while (________________!= '\n')
```

```
    {
        if (cx!= ' ') putchar(cx) ;
        if (cx == ' ')
            if (________________)
                putchar(________________)
        front = cx ;
    }
}
```

5. 下面程序按公式$\sum_{k=1}^{100}k+\sum_{k=1}^{50}k^2+\sum_{k=1}^{10}\frac{1}{k}$求和并输出结果，请填空使程序完整。

```
#include < stdio.h >
main ()
{
    ________________________;
    int k ;
    for (k = 1 ; k <= 100 ; k++)
        s += k ;
    for (k = 1 ; k <= 50 ; k++)
        s += k * k ;
    for (k = 1 ; k <= 10 ; k++)
        s += ________________________;
    printf("sum = ________________________",s);
}
```

6. 以下程序的功能是：从键盘上输入若干个学生的成绩，统计并输出最高成绩和最低成绩，当输入负数时结束输入。

```
#include < stdio.h >
main ()
{
    float s;
    float gmax,gmin;
    scanf(" %f",&s);
    gmax = s;
    gmin = s;
    while(________________)
    {
        if(s > gmax)
        gmax = s;
        if(________________)
        gmin = s;
        scanf(" %f",&s);
    }
    printf("\ngmax = %f\ngmin = %f\n",gmax,gmin);
}
```

7. 有以下程序段

```
s = 1.0;
for (k = 1; k <= n; k++)   s = s + 1.0/(k * (k + 1));
```

```
printf("%f\n",s);
```

请填空,使以下程序段的功能与上面的程序段完全相同。

```
s=1.0;  k=1;
while (__________)
{  s=s+1.0/(k*(k+1));  k=k+1;  }
printf("%f\n", s);
```

8. 以下程序的输出结果是________。

```
# include<stdio.h>
main()
{   char  a,b;
    for (a=0; a<20; a+=7) {  b=a%10;  putchar(b+'0');  }
}
```

9. 有以下程序

```
#include<stdio.h>
main()
{   int n1=0,n2=0,n3=0; char ch;
    while((ch=getchar())!='!')
    switch(ch)
    {   case '1':case '3': n1++;break;
        case '2':case '4': n2++;break;
        default : n3++;break;
    }
printf("%d%d%d\n",n1,n2,n3);
}
```

若程序运行时输入 01234567! <回车>,则输出结果是________。

10. 有以下程序

```
#include<stdio.h>
main()
{   int i,sum=0;
    for(i=1;i<9;i+=2)sum+=i;
    printf("%d\n",sum);
}
```

程序运行后的输出结果是________。

11. 有以下程序

```
#include<stdio.h>
main()
{   int d,n=1234;
    while(n!=0)
    { d=n%10;n=n/10;printf("%d",d);}
}
```

程序运行后的输出结果是________。

12. 以下程序运行后输出结果是________。

```
#include <stdio.h>
main()
{   int i, j;
    for(i = 6;i > 3;i -- )  j = i;
    printf(" %d%d\n",i,j);
}
```

第6章　函　数

一、选择题

1. 以下叙述中,不正确的选项是________。
   A. C语言程序总是从main()函数开始执行
   B. 在C语言程序中,被调用的函数必须在main()函数中定义
   C. C程序是函数的集合,包括标准库函数和用户自定义函数
   D. 在C语言程序中,函数的定义不能嵌套,但函数的调用可以嵌套
2. C语言中,若未说明函数的类型,则系统默认该函数的类型是________。
   A. float型　　B. long型　　C. int型　　D. double型
3. 若已定义的函数有返回值,则以下关于该函数调用的叙述中错误的是________。
   A. 函数调用可以作为独立的语句存在
   B. 函数调用可以作为一个函数的实参
   C. 函数调用可以出现在表达式中
   D. 函数调用可以作为一个函数的形参
4. 若函数调用时参数为基本数据类型的变量,以下叙述中,正确的是________。
   A. 实参与其对应的形参共占存储单元
   B. 只有当实参与其对应的形参同名时才共占存储单元
   C. 实参与其对应的形参分别占用不同的存储单元
   D. 实参将数据传递给形参后,立即释放原先占用的存储单元
5. 以下叙述中,错误的是________。
   A. 函数未被调用时,系统将不为形参分配内存单元
   B. 实参与形参的个数应相等,且实参与形参的类型必须对应一致
   C. 当形参是变量时,实参可以是常量、变量或表达式
   D. 形参可以是常量、变量或表达式
6. 以下叙述中,不正确的是________。
   A. 在同一C程序文件中,不同函数中可以使用同名变量
   B. 在main()函数体内定义的变量是全局变量
   C. 形式参数是局部变量,函数调用完成即刻失去意义
   D. 若同一文件中全局和局部变量同名,则全局变量在局部变量作用范围内不起作用
7. 调用函数时,当实参和形参都是简单变量时,它们之间数据传递的过程是________。
   A. 实参将其地址传递给形参,并释放原先占用的存储单元

B. 实参将其地址传递给形参,调用结束时形参再将其地址回传给实参

C. 实参将其值传递给形参,调用结束时形参再将其值回传给实参

D. 实参将其值传递给形参,调用结束时形参并不将其值回传给实参

8. 设有如下函数定义

```
int fun(int k)
{   if(k < 1) return 0;
    elseif(k == 1) return 1;
    else return fun(k - 1) + 1;
}
```

若执行调用语句：n=fun(3);,则函数 fun()总共被调用的次数是________。

A. 2　　B. 3　　C. 4　　D. 5

9. 如果一个函数位于C程序文件的上部,在该函数体内说明语句后的复合语句中定义了一个变量,则该变量________。

A. 为全局变量,在本程序文件范围内有效

B. 为局部变量,只在该函数内有效

C. 为局部变量,只在该复合语句中有效

D. 定义无效,为非法变量

10. 以下叙述中,不正确的是________。

A. 使用 static float a 定义的外部变量存放在内存中的静态存储区

B. 使用 float b 定义的外部变量存放在内存中的动态存储区

C. 使用 static float c 定义的内部变量存放在内存中的静态存储区

D. 使用 float d 定义的内部变量存放在内存中的动态存储区

11. 若在一个C源程序文件中定义了一个允许其他源文件引用的实型外部变量 a,则在另一文件中可使用的引用说明是________。

A. extern static float a;　　B. float a;

C. extern auto float a;　　D. extern float a;

12. 以下叙述中,正确的是________。

A. 局部变量说明为 static 存储类,其生存期将得到延长

B. 全局变量说明为 static 存储类,其作用域将得到扩大

C. 任何存储类的变量在未赋初值时,其值都是不确定的

D. 形参可以使用的存储类说明符与局部变量完全相同

13. 若程序中定义了以下函数________。

```
double myadd(double a, double b)
  { return a + b; }
```

并将其放在调用语句之后,则在调用之前应对该函数进行说明,以下选项中错误的是

A. double myadd(double a,b);　　B. double myadd(double a,double);

C. double myadd(double b,double a);　D. double myadd(double x,double y);

14. 以下程序的运行结果是________。

```
void f(int v, int w)
{   int t;
    t = v; v = w; w = t;
}

main()
{   int x = 1,y = 3,z = 2;
    if(x > y)  f(x,y);
    else if(y > z)  f(y,z);
    else  f(x,z);
    printf(" %d, %d, %d\n",x,y,z);
}
```

A. 1,2,3　　B. 3,1,2　　C. 1,3,2　　D. 2,3,1

15. 以下程序运行后的输出结果是________。

```
fun(int a, int b)
{   if(a > b)  return a;
    else  return b;
}

main()
{   int x = 3,y = 8,z = 6,r;
    r = fun(fun(x,y),2 * z);
    printf(" %d\n",r);
}
```

A. 3　　B. 6　　C. 8　　D. 12

16. 有以下程序

```
#include < stdio.h >
int f(int  x)
{   int  y;
    if(x == 0||x == 1)  return(3);
    y = x * x - f(x - 2);
    return  y;
    }
main()
{   int  z;
    z = f(3);
    printf(" %d\n",z);
}
```

程序的运行结果是________

A. 0　　B. 9　　C. 6　　D. 8

17. 有以下程序

```
#include
int fun (int x,int y)
{   if(x!= y) return ((x + y)/2);
    else return (x);
```

```
}
main()
{    int a=4,b=5,c=6;
     printf("%d\n",fun(2*a,fun(b,c)));
}
```

程序运行后的输出结果是________。

A. 3　　B. 6　　C. 8　　D. 12

18. 有以下程序

```
#include
int fun()
{    static int x=1;
     x*=2;
     return x;
}
main()
{    int i,s=1;
     for(i=1;i<=3;i++) s*=fun();
     printf("%d\n",s);
}
```

程序运行后的输出结果是________

A. 0　　B. 10　　C. 30　　D. 64

19. 在C语言中,只有在使用时才占用内存单元的变量,其存储类型是________。

A. auto和register　　B. extern和register

C. auto和static　　D. static和register

20. 阅读下列程序,则运行结果为________。

```
#include "stdio.h"
fun()
{
     static  int x=5;
     x++;
     return x;
}
main()
{
     int i,x;
     for(i=0;i<3;i++) x=fun();
     printf("%d\n",x);
}
```

A. 5　　B. 6　　C. 7　　D. 8

二、填空题

1. 下列给定程序中,函数fun()的功能是:找出100到x(x≤999)之间各位上的数字之和为15的所有整数,并在屏幕输出;将符合条件的整数的个数作为函数值返回。

例如:当n值为500时,各位数字之和为15的整数有:159、168、177、186、195、249、

258、267、276、285、294、339、348、357、366、375、384、393、429、438、447、456、465、474、483、492。共有 26 个。

```
#include<stdio.h>
int fun(int  x)
{
    int  n, s1, s2, s3, t;
    n=__________;
    t=100;
    while(t<=__________)
    {
        s1=t%10;
        s2=(t/10)%10;
        s3=t/100;
        if(s1+s2+s3==15)
        {
            printf("%d ",t);
            n++;
        }
        __________;
    }
    __________ n;
}
main()
{
    int  x=-1;
    while(x>999||x<0)
    {
        printf("Please input(0<x<=999): ");
        scanf("%d",__________);
    }
    printf("\nThe result is: %d\n",fun(x));
}
```

2. 给定程序中,函数 fun()的功能是:求输入的两个数中较小的数。例如:输入 5 10,结果为 min is 5。试题程序:

```
#include<stdio.h>
#include<conio.h>
int fun(int x,__________)
{
    int z;
    z=x<y __________ x:y;
    return(z);
}
main()
{
    int a,b,c;
    scanf("%d,%d",__________);
    c=fun(a,b);
    printf("min is %d",c);
}
```

3. 下列给定程序中,函数fun()的功能是:从3个红球,5个白球,6个黑球中任意取出8个作为一组,进行输出。在每组中,可以没有黑球,但必须要有红球和白球。组合数作为函数值返回。正确的组合数应该是15。程序中i的值代表红球数,j的值代表白球数,k的值代表黑球数。试题程序:

```
#include < stdio.h >
int fun()
{
    int i,j,k,____________;
    printf("\nThe result :\n\n ");
    for(____________;i<=3;i++)
    {
        for (j=1;j<=5;j++)
        {
            for(____________)
                if(i+j+k==8)
                {
                    sum=sum+1;
                    printf("red: %4d white: %4d black: %4d\n",i,j,k);
                }
        }
    }
    return sum;
}
main()
{
    int sum;
    sum=fun();
    printf("sum= %4d\n\n ",sum);
}
```

4. 给定程序的功能是根据公式求P的值,结果由函数值带回。m与n为两个整数且要求$m>n$。$P=\frac{m!}{n!(m-n)!}$ 例如:$m=11,n=4$时,运行结果为330.000000。请在程序的下画线处填入正确的内容,使程序得出正确结果。

```
#include < stdio.h >
long jc(int m)
{
    long s=1;
    int i ;
    for(i=1;i< =m;i++) s=____________;
    return s;
}
float fun(int m, int n)
{
    float p;
    p=1.0*jc(m)/jc(n)/jc(____________) ;
    ____________;
}
```

```
main()
{
    printf("p= %f\n", fun (11,4));
}
```

5. 以下程序的功能是求任意两个整数 a 和 b 的最大公约数，并予以显示，请在程序的下画线处填入正确的内容，使程序得出正确结果。

```
#include <stdio.h>
#include <stdlib.h>
long codivisor(long n1,long n2)
{   long t;
    while(____________)
        {____________;n1 = n2;n2 = t;}
    return (____________);
}
main()
{   long a,b,x;
    printf("please input two number: ");
    scanf("%ld%ld",&a,&b);
    x = codivisor(a,b);
    printf("maximum common divisor of %ld and %ld is: %ld\n",a,b,x);
}
```

第7章 数 组

一、选择题

1. 对于定义"int a[10];"的正确描述是：

   A. 定义一个一维数组 a，共有 a[1]到 a[10]共 10 个数组元素

   B. 定义一个一维数组 a，共有 a(0)到 a(9)10 个数组元素

   C. 定义一个一维数组 a，共有 a[0]到 a[9]10 个数组元素

   D. 定义一个一维数组 a，共有 a(1)到 a(10)10 个数组元素

2. 若有定义：________

```
double a[ ] = { 2.1,3.6,9.5};
double b = 6.0;
```

则下列错误的赋值语句是：

   A. b = a[2];　　　　B. b = a + a[2];

   C. a[1] = b;　　　　D. b = a[0] + 7;

3. 有以下程序

```
# include< stdio.h>
#define  N  3
void fun(int a[][N],int b[])
{   int i,j;
    for(i = 0;i < N;i++)
    {   b[i] = a[i][0];
        for(j = 1;j < N;j++)
            if(b[i]< a[i][j])  b[i] = a[i][j];
    }
}
main()
{   int  x[N][N] = {1,2,3,4,5,6,7,8,9}, y[N],i;
    fun(x,y);
    for(i = 0;i < N;i++) printf( " %d,",y[i] );
    printf( "\n");
}
```

程序运行后的输出结果是________。

   A. 2,4,8　　　　B. 3,6,9　　　　C. 3,5,7　　　　D. 1,3,5

4. 以下定义数组的语句错误的是________。

   A. int num[]={1,2,3,4,5,6};

B. int num[][3]={{1,2},3,4,5,6};

C. int num[2][4]={{1,2},{3,4},{5,6}};

D. int num[][4]={1,2,3,4,5,6};

5. 下面的程序段运行后,输出结果是________。

```
int i,j,x = 0;
static int a[8][8];
for(i = 0;i < 3;i++)
for(j = 0;j < 3;j++)
    a[i][j] = 2 * i + j;
for(i = 0;i < 8;i++)
    x += a[i][j];
printf(" %d",x);
```

A. 9　　B. 不确定值　　C. 0　　D. 18

6. 以下错误的定义语句是________。

A. int　x[][3]={{0},{1},{1,2,3}};

B. int　x[4][3]={{1,2,3},{1,2,3},{1,2,3},{1,2,3}};

C. int　x[4][]={{1,2,3},{1,2,3},{1,2,3},{1,2,3}};

D. int　x[][3]={1,2,3,4};

7. 若有定义:int　a[2][3];,以下选项中对a数组元素正确引用的是________。

A. a[2][!1]　　B. a[2][3]　　C. a[0][3]　　D. a[1>2][!1]

8. 以下数组定义中错误的是________。

A. int x[][3]={0};

B. int x[2][3]={{1,2},{3,4},{5,6}};

C. int x[][3]={{1,2,3},{4,5,6}};

D. int x[2][3]={1,2,3,4,5,6};

9. 有以下程序

```
#include < stdio.h >
main()
{   int s[12] = {1,2,3,4,4,3,2,1,1,1,2,3},c[5] = {0},i;
    for(i = 0;i < 12;i++)  c[s[i]]++;
    for(i = 1;i < 5;i++)  printf(" %d",c[i]);
    printf("\n");
}
```

程序的运行结果是________。

A. 1 2 3 4　　B. 2 3 4 4　　C. 4 3 3 2　　D. 1 1 2 3

10. 现有如下程序段

```
#include "stdio.h"
main()
{   int k[30] = {12,324,45,6,768,98,21,34,453,456};
    int count = 0,i = 0;
    while(k[i])
```

```
    {    if(k[i] % 2 == 0||k[i] % 5 == 0)count++;
         i++;
    }
    printf(" % d, % d\n",count,i);
}
```


则程序段的输出结果为________。

A. 7,8　　B. 8,8　　C. 7,10　　D. 8,10

11. 下面程序输出的结果是________。

```
{main()
{    int i;
     int a[3][3] = {1,2,3,4,5,6,7,8,9};
     for(i = 0;i < 3;i++)
     printf(" % d ",a[2 - i][i]);
}
```

A. 1 5 9　　B. 7 5 3　　C. 3 5 7　　D. 5 9 1

12. 已知：int a[10]；则对a数组元素的正确引用是________。

A. a[10]　　B. a[3.5]　　C. a(5)　　D. a[0]

13. 若有以下数组说明，则i=10;a[a[i]]元素数值是________。

```
int a[12] = {1,4,7,10,2,5,8,11,3,6,9,12};
```

A. 10　　B. 9　　C. 6　　D. 5

14. 下列定义数组的语句中，正确的是________。

A. int N=10;
　int x[N];

B. #define N 10
　int x[N];

C. int x[0..10];

D. int x[];

15. 有以下程序，输出结果是________。

```
#include < stdio.h >
main()
{    int a[ ] = {2,3,5,4},i;
     for(i = 0;i < 4;i++)
     switch(i % 2)
     {    case 0:switch(a[i] % 2)
          {    case 0:a[i]++;break;
               case 1:a[i] -- ;
          }break;
          case 1:a[i] = 0;
     }
     for(i = 0;i < 4;i++) printf(" % d",a[i]); printf("\n");
}
```

A. 3 3 4 4　　B. 2 0 5 0

C. 3 0 4 0　　D. 0 3 0 4

二、填空题

1. 以下程序用来检查二维数组是否对称(即:对所有 i、j 都有 a[i][j]==a[j][i])。

```
#include <stdio.h>
main()
{
    int a[4][4] = {1,2,3,4, 2,2,5,6, 3,5,3,7, 8,6,7,4};
    int i, j, found = 0;
    for(j = 0; j < 4; j++)
    {
        for(i = 0; i < 4; i++)
        if(________)
        {
            found = ________;
            break;
        }
        if (found) break;
    }
    if(found) printf("不对称\n");
    else printf("对称\n");
}
```

2. 以下程序是用来输入 5 个整数,并存放在数组中,找出最大数与最小数所在的下标位置,并把两者对调,然后输出调整后的 5 个数。

```
#include <stdio.h>
main()
{
    int a[5], t, i, maxi, mini;
    for(i = 0; i < 5; i++)
        scanf("%d", &a[i]);
    mini = maxi = ____________;
    for(i = 1; i < 5; i++)
    {
        if(____________)
        mini = i;
        if(a[i]> a[maxi])
        ________________;
    }
    printf("最小数的位置是:%3d\n", mini);
    printf("最大数的位置是:%3d\n", maxi);
    t = a[maxi];
    ____________;
    a[mini] = t;
    printf("调整后的数为:");
    for(i = 0; i < 5; i++)
        printf("%d ", a[i]);
    printf("\n");
}
```

3. 有以下程序

```
# include < stdio.h >
main()
{   int  arr[] = {1,3,5,7,2,4,6,8}, i, start;
    scanf(" %d", &start);
    for (i = 0; i < 3; i++)
        printf(" %d", arr[start + i) %8] );
}
```

若在程序运行时输入整数 10 <回车>,则输出结果为________。

4. 以下程序运行后输出结果是________。

```
#include < stdio.h >
main()
{   int i,n[] = {0,0,0,0,0};
    for(i = 1;i <= 2;i++)
    {   n[i] = n[i - 1] * 3 + 1;
        printf(" %d ",n[i]);
    }
    printf("\n");
}
```

5. 有以下程序

```
#include < stdio.h >
main()
{   int c[3] = {0}, k ,i;
    while((k = getchar()!= '\n')
        c[k - 'A']++;
    for(i = 0;i < 3;i++) printf(" %d",c[i]); printf("\n");
}
```

若程序运行时从键盘输入 ABCACC <回车>,则输出结果为________。

6. 以下程序运行后的输出结果是____________。

```
#include < stdio.h >
main()
{   int n[2] , i, j;
    for(i = 0;i < 2;i++)  n[i] = 0;
    for(i = 0;i < 2;i++)
        for(j = 0;j < 2;j++)  n[j] = n[i] + 1;
    printf(" %d\n",n[1]);
}
```

第8章 指　　针

一、选择题

1. 若有定义 int a,b,* p1=&a,* p2=&b; 使 p2 指向 a 的赋值语句是________。

A. * p2= * &a;　　B. p2=& * p1;　　C. p2=&p1;　　D. * p2=&a;

2. 若定义 int b=8,* p=&b; 则下面均表示 b 的地址的一组选项为________。

A. * &p,p,&b　　B. & * p, * &b, p

C. p, * &b, * &p　　D. * p, & * b

3. 若定义 int a=12,b=11, * p1, * p2;下列四组赋值语句中,正确的一组是________。

A. p1=&a;p2=& * p1;b= * &p2;　　B. p2=&a;p1=&b;a= * p1;

C. p2= * &a; * p1=& * b;　　D. p1=&b;p2=&p1;a= * p2;

4. 若有定义 float a=25,b,* p=&b;则下面对赋值语句 * p=a;和 p=&a;的正确解释为________。

A. 两个语句都是将变量 a 的值赋予变量 b

B. * p=a 是使 p 指向变量 a,而 p=&a 是将变量 a 的值赋予变量 b

C. * p=a 是将变量 a 的值赋予变量 b,而 p=&a;是使 p 指向变量 a

D. 两个语句都是使 p 指向变量 a

5. 若有定义 float a,b,* p; 下述程序段中正确的是________。

A. p=&b; scanf("%f",p);

B. p=&b; scanf("%f",&a); * p=&a

C. p=&a; scanf("%f", * p);b= * p;

D. scanf("%f",&b); * p=b;

6. 若已定义 char c, * p;下述各程序段中能使变量 c 从键盘获取一个字符的是________。

A. * p=c; scanf("%c",p);　　B. p=&c; scanf("%c", * p);

C. p=&c; scanf("%c",p);　　D. p= * &c; scanf("%c",p);

7. 若已定义 short int m=200, * p=&m;设为 m 分配的内存地址为 100~101,则下述说法中正确的是

A. print("%d", * p)输出 100　　B. printf("%d",p)输出 101

C. printf("%d",p)输出 200　　D. printf("%d", * p)输出 200

8. 若有定义 float a,b,* p; 下述程序段中正确的是________。

A. a=10; * p=a;printf("f", * p);

B. p=&b;b=12;printf("%f",p);

C. *p=&b; b=20; printf("%f",*p);

D. p=&a; *p=9;printf("%f",*&a);

9. 若有定义 float a,b,*p;下述程序段中能从键盘获取实数并将其正确输出的是________。

A. p=&b; scanf("%f",&p); a=b; printf("%f",a);

B. p=&b; scanf("%f",*p);a=*&b; printf("%f",a);

C. p=&a; scanf("%f",p);b=*p; printf("%f",b);

D. scanf("%f",&b); *p=b; printf("%f",p);

10. 若有定义 int a[9],*p=a; 则 p+5 表示________。

A. 数组元素 a[5]的值　　B. 数组元素 a[5]的地址

C. 数组元素 a[6]的地址　　D. 数组元素 a[0]的值加上 5

11. 若有定义 int b[5]={3,4,7,9},*p2=b,*p1=p2;则对数组元素 b[2]的正确引用是________。

A. &b[0]+2　　B. *(p1+3)　　C. *(p1+2)　　D. *p2+2

12. 若有定义 int a[7]={12,10},*p=a; 则对数组元素 a[5]地址的非法引用为________。

A. &a+5　　B. p+5　　C. a+5　　D. &a[0]+5

13. 下列各程序段中,对指针变量定义和使用正确的是________。

A. char s[6],*p=s; char *p1=*p; printf("%c",*p1);

B. int a[6],*p; p=&a;

C. char s[7]; char *p=s=260; scanf("%c",p+2);

D. int a[7],*p; p=a;

14. 若有定义 float b[15],*p=b;且数组 b 的首地址为 200H,则 p+13 所指向的数组元素的地址为

A. 234H　　B. 20DH　　C. 252H　　D. 21AH

15. 若有说明 int a[4][4]={8,4,5,6,9,3,7},*p=a[0];则对数组元素 a[i][j](其中 0<=i<4,0<=j<4)之值的正确引用为________。

A. *(*(p+i)+j)　B. *(p[i]+j)　　C. p[i*4+j]　　D. *(a[i]+j)

16. 若有说明 int a[6][3]={1,2,3,4,5,6,7,8},*p=a[0]; 则对数组元素 a[i][j](其中 0<=i<6,0<=j<3)之地址的正确引用为________。

A. *(p+i)+j　　B. *(a+i)+j　　C. &p[i][j]　　D. p[i]+j

17. 若有说明 int a[3][4]={3,9,7,8,5},(*p)[4];和赋值语句 p=a;则对数组元素 a[i][j](其中 0<=i<3,0<=j<4)之值的正确引用为________。

A. *(p+i)[j]　　B. *p[i][j]

C. *(*p[i]+j)　　D. *(*(p+i)+j)

18. 若有说明 int a[5][4],(*p)[4];和赋值语句 p=a; 则下述对数组元素 a[i][j](其中 0<=i<5,0<=j<4)的输入语句中正确的是________。

A. scanf("%d",*(a[0]+i)+j);　　B. scanf("%d",*p[i]+j);

C. scanf("%d",p[i][j]);　　　　　　　　D. scanf("%d",p[i]+j);

19. 若有说明 int b[4][3]={3,5,7,9,2,8,4,1,6},*p[4];和赋值语句 p[0]=b[0]; p[1]=b[1]; p[2]=b[2];p[3]=b[3];则下述对数组元素 b[i][j](其中 0<=i<4,0<=j<3)的输出语句中不正确的是________

A. printf("%d\n",*(p[i]+j));　　　　B. printf("%d\n",(*(p+i))[j]);

C. printf("%d\n",*(p+i)[j]);　　　　D. printf("%d\n",p[i][j]);

20. 若有说明:

```
int b[4][5], *p[4];
p[0] = b[0];p[1] = b[1];p[2] = b[2];p[3] = b[3];
```

则对数组元素 b[i][j](其中 0<=i<4,0<=j<5)之地址的正确引用为:________。

A. *p[i]+j　　　B. p[i]+j　　　C. &b[i]+j　　　D. &p[i]+j

21. 以下由说明和赋值语句组成的各选项中错误的是________。

A. double a[4][5],b[5][4],*p=a[0],*q=b[0];

B. double a[4][5],b[5][4],*p=a,*q=b;

C. float a[4][5],(*p)[4]=a[0],(*q)[5]=b[0];

D. float a[5][4],*p[5]=a;

22. 以下由说明和赋值语句组成的各选项中正确的是________。

A. float a[5][4],*p[5]={*a,&a[1][0],a[2],*a+12,*(a+4)};

B. double a[4][5],b[5][4],*p; p=a;b=p;

C. static double a[3][4],(*p)[4],(*q)[4];p[0]=a[0];q=p;

D. float a[4][5],b[5][4],(*p)[4],(*q)[5]; p=a;q=b;

23. 下面各程序段中能正确实现两个字符串交换的是________。

A. char p[]="glorious",q[]="leader",t[9];
   strcpy(t,p);strcpy(p,q);strcpy(q,t);

B. char p[]="glorious",q[]="leader",*t; t=p; p=q; q=t;

C. char *p="glorious",*q="leader",*t; t=*p; p=q; *q=t;

D. char p[]="glorious", q[]="leader", t; int i;
   for(i=0;p[i]!='\0';i++) {t=p[i];p[i]=q[i];q[i]=t;}

24. 若有说明 char *c[]={"European","Asian","American","African"};则下列叙述中正确的是________。

A. *(c+1)='A'

B. c 是一个字符型指针数组,所包含 4 个元素的初值分别为:"European","Asian","American"和"African"

C. c[3]表示字符串"American"的首地址

D. c 是包含 4 个元素的字符型指针数组,每个元素都是一个字符串的首地址

25. 下列的语句中________定义了一个能存储 20 个字符的数组。

A. int a[21];　　　B. char b[20];　　　C. char c[21];　　　D. int d[20];

26. 若对两个数组 a 和 b 进行初始化

```
char a[ ] = "ABCDEF";
char b[ ] = {'A', 'B', 'C', 'D', 'E', 'F'};
```

则下列叙述正确的是________。

A. a与b数组完全相同　　B. a与b数组长度相同

C. a与b数组都存放字符串　　D. 数组a比数组b长度长

27. 已知下列程序段：

```
char a[3], b[ ] = "Hello";
a = b;
printf(" %s", a);
```

则________。

A. 运行后将输出 Hello　　B. 运行后将输出 He

C. 运行后将输出 Hel　　D. 编译出错

28. 下列程序的运行结果为________。

```
#include <stdio.h>
main()
{
    char a[ ] = "morning";
    int i, j = 0;
    for(i = 1; i < 7; i++)
        if(a[j]< a[i]) j = i;
    a[j] = a[7];
    puts(a);
}
```

A. mogninr　　B. mo　　C. morning　　D. morring

29. 以下选项中,合法的是________。

A. char str3[]={'d', 'e', 'b', 'u', 'g', '\0'};

B. char str4; str4="hello world";

C. char name[10]; name="china";

D. char str1[5]= "pass",str2[6]; str2=str1;

30. 有以下程序

```
# include<stdio.h>
main()
{   char  a[20], b[20], c[20];
    scanf( " %s%s" ,a,b );
    gets(c);
    printf(" %s%s%s\n",a,b,c);
}
```

程序运行时从第一列开始输入：

```
This  is  a  cat!<回车>
```

则输出结果是________。

A. Thisisacat!　　B. Thisis　a　　C. thisis　a　cat!　D. Thisisa　cat!

31. 有以下程序

```
#include <stdio.h>
main()
{   char ch[3][5] = { "AAAA","BBB","CC"};
    printf(" % s\n",ch[1]);
}
```

程序运行后的输出结果是________。

A. AAAA　　B. CC　　C. BBBCC　　D. BBB

二、填空题

1. 以下程序的功能是将两个字符串连接为一个字符串,不许使用库函数 strcat。

```
#include "stdio.h"
#include "string.h"
main ()
{
    char str1[80],str2[40];
    int i,j,k;
    gets(str1);gets(str2);
    puts(str1);puts(str2);
    ________________;
    puts(str1);
}
JOIN(s1,s2)
char s1[80],s2[40];
{
    int i,j;
    ________________ ;
    for (i = 0;________ '\0';i++)
        s1[i + j] = s2[i];
    s1[i + j] = ________;
}
```

2. 找出数组中最大值和此元素的下标,数组元素的值由键盘输入。

```
#include "stdio.h"
void main()
{
    int a[10], * p, * s,i;
    for(i = 0;i < 10;i++)
        scanf(" % d", ____________);
    for(p = a,s = a;________ < 10;p++)
        if( * p ________ * s) s = p;
    printf("max = % d, index = % d\n", ________,s - a);
}
```

3. 请编写一个函数 fun,它的功能是:删除字符串中的数字字符。例如输入字符串:48CTYP9E6,则输出:CTYPE。

```
#include <stdio.h>
void  fun ( ____________)
{
    char  *p=s;
    while(*p)
        if((*p>= '0')&&(*p<= '9')) p++;
        else *s++ = ____________ ;
        ________________________;
}
main()
{
    char item[100] ;
    printf("\nEnter a string: ");
    gets(item); fun(item);
    printf("\nThe string:\"%s\"\n",item);
}
```

第9章 结构、联合、枚举和类型定义

一、选择题

1. 当定义一个结构体变量时，系统分配给它的内存空间是________。

A. 结构中一个成员所需的内存量　　B. 结构中最后一个成员所需的内存量

C. 结构体中占内存量最大者所需的容量　　D. 结构体中各成员所需内存量的总和

2. 若有以下的说明，对初值中整数2的正确引用方式是________。

```
static struct
{ char ch;
    int i;
    double x;
} a[2][3] = {{'a',1,3.45,'b',2,7.98,'c',3,1.93},{'d',4,4.73,'e',5,6.78,'f',6,8.79}};
```

A. a[1][1].i　　B. a[0][1].i　　C. a[0][0].i　　D. a[0][2].i

3. 根据以下定义，能打印字母M的语句是________。

```
struct  p
{ char name[9];
    int age;
} c[10] = {"John",17,"Paul",19,"Mary",18,"Adam",16};
```

A. printf("%c",c[3].name);　　B. printf("%c,c[3].name[1]);

C. printf("%c",c[2].name);　　D. printf("%c",c[2].name[0]);

4. 若有以下说明和语句，已知int型数据占两个字节，则以下语句的输出结果是________。

```
struct  st
{    char a[10];
     int b;
     double c;
};
printf("%d",sizeof(struct st));
```

A. 0　　B. 8　　C. 20　　D. 2

5. 若有以下说明和语句，则对结构体变量std中成员id的引用方式不正确的是________。

```
struct  work
{
```

```
    int id;
    int name;
}std, * p;
p = &std;
```

A. std.id　　B. * p.id　　C. (* p).id　　D. p-> id

6. 以下程序

```
struct key
{   char * word;
    int count;
} k[10] = {"void",1,"char",3,"int",5,"float",7,"double",9};
main()
{   printf(" % c, % d, % s\n",k[3].word[0],k[1].count,k[1].word);
}
```

执行时的输出是________。

A. v,1,void　　B. f,3,char　　C. f,5,double　　D. d,5,float

7. 有以下程序

```
# include
structs
{ int a,b;}data[2] = {10,100,20,200};
main()
{   structs p = data[1];
    printf(" % d\n",++(p.a));
}
```

程序运行后的输出结果是________。

A. 10　　B. 11　　C. 20　　D. 21

8. 若一个整型变量占2B内存,一个长整型占4B,下列程序的输出结果是________。

```
# include < stdio.h >
main()
{
    struct date
        { int y,m,d; };
        union
        { long i;
    int k;
        char ii;
    }mix;
    printf(" % d, % d\n",sizeof(struct date),sizeof(mix));
}
```

A. 6,2　　B. 6,4　　C. 8,4　　D. 8,6

9. 设有以下结构体定义,若要对结构体变量p的出生年份进行赋值,下面正确的语句是

```
struct date
{
```

```
    int y;
    int m;
    int d;
};
struct worklist
{
    char name[20];
    char sex;
    struct date birthday;
}p;
```

A. y=1976　　B. birthday. y=1976;

C. p. birthday. y=1976;　　D. p. y=1976;

10. 若有以下说明语句：

```
struct p
{
    char name[20];
        int age;
        char sex;
}a = {"li ning",20,'m'}, * p = &a;
```

则对字符串"li ning"的错误引用方式是________。

A. (* p). name　　B. p. name　　C. a. name　　D. p-> name

11. 当说明一个共用体(联合)变量时,系统分配给它的内存为________。

A. 共用体中的一个成员所需的内存量

B. 共用体中最后一个成员所需的内存量

C. 共用体中占内存量最大者所需的容量

D. 共用体中各成员所需内存量的总和

12. 设有以下说明,则下面不正确的叙述是________。

```
union data
{
    int i;
    char c;
    float f;
}a;
```

A. a 所占的内存长度等于成员 f 的长度

B. a 的地址和它的各成员地址都是同一地址

C. a 不能作为函数参数

D. 不能对 a 赋值,也不可以在定义 a 时对它初始化

13. 下面程序的运行结果是________。

```
main()
{
    union u
    {
```

```
            char * name;
            int age;
            int income;
            }s;
    s. name = "WANGLING";
    s.age = 28;
    s.income = 1000;
    printf(" %d\n",s.age);
}
```

A. 8　　B. 1000　　C. 0　　D. 不确定

14. 已知字符0的ASCII码为十六进制的30,unsigned int 占据2B内存空间,下面程序的输出为________。

```
main()
{
    union
    {
        unsigned  char c;
        unsigned  int a[4];
    } z;
    z. a[0] = 0x39;
    z.a[1] = 0x36;
    printf(" %c\n",z.c);
}
```

A. 6　　B. 9　　C. 0　　D. 3

15. 若已定义以下共用(联合)体数据类型

```
union
{   int a;
    int b;
}x,y;
```

执行语句 x.a=3;x.b=4;y.b=x.a*2;后,则 y.a 的值为________。

A. 3　　B. 4　　C. 6　　D. 8

16. 若整型变量占2B,长整型变量占4B,下面程序的输出结果是________。

```
typedef union
{   long x[2];
        int y[4];
        char z[8];
}MYTYPE;
MYTYPE them;
main()
{
    printf(" %d\n",sizeof(them));
}
```

A. 32　　B. 16　　C. 8　　D. 4

17. 运行以下程序后,全局变量 t.x 和 t.s 的正确结果是________。

```
struct tree
{    int x;
       char * s;
}t;
fun(struct tree t)
{    t.x = 10;
       t.s = "here";
       return 0;
}
main()
{    t.x = 1;
       t.s = "there";
    fun(t);
    printf(" %d, %s\n",t.x,t.s);
}
```

A. 0,here　　B. 1,there　　C. 1,here　　D. 10,there

18. 运行下列程序段,输出结果是________。

```
struct country
{
    int num;
    char name[20];
}x[5] = {1,"China",2,"USA",3,"France",4, "England",5, "Spanish"};
struct country * p;
p = x + 3;
printf(" %d, %c",p->num,( * p).name[2]);
```

A. 3,a　　B. 4,g　　C. 2,U　　D. 5,S

19. 在以下程序段中,已知 int 型数据占两个字节,则输出结果是________。

```
union un
{    int i;
    double y;
};
struct st
{    char a[10];
       union un b;
};
printf(" %d",sizeof(struct st));
```

A. 14　　B. 18　　C. 20　　D. 16

20. 下列程序段运行后,输出结果是________。

```
struct s
{    int n;
    int * m;
} * p;
int d[5] = {10,20,30,40,50};
struct s arr[5] = {100,&d[0],200,&d[1],300,&d[2],400,&d[3],500,&d[4]};
main()
```

```
{
    p = arr;
    printf(" %d,",++p->n);
    printf(" %d,",(++p)->n);
    printf(" %d\n",++( *p->m));
}
```

A. 101,200,21　　B. 101,20,30　　C. 200,101,21　　D. 101,101,10

21. 定义以下结构体数组

```
struct st
{   char name[20];
    int age;
}c[10] = {"zhang",16,"Li",17,"Ma",18,"Huang",19};
```

执行语句 printf("%d,%c",c[2].age,*(c[3].name+2));后,输出结果为________。

A. 17,i　　B. 18,M　　C. 18,a　　D. 18,u

22. 若定义以下结构体数组

```
struct contry
{   int num;
    char name[20];
}x[5] = {1,"China",2,"USA",3,"France",4, "Englan",5, "Spanish"};
```

执行 for (i=1;i<5;i++) printf("%d%c",x[i].num,x[i].name[2]);后的输出结果为________。

A. 2A3a4g5a　　B. 1S2r3n4p　　C. 1A2a3g4a　　D. 2A3n4l5n

23. 设有定义：struct {char mark[12];int num1;double num2;} t1,t2;,若变量均已正确赋初值,则以下语句中错误的是________。

A. t1=t2;　　B. t2.num1=t1.num1;

C. t2.mark=t1.mark;　　D. t2.num2=t1.num2;

24. 有以下程序

```
#include <stdio.h>
struct ord
{ int x,y;}dt[2] = {1,2,3,4};
main()
{
    struct ord *p = dt;
    printf(" %d,",++(p->x)); printf(" %d\n",++(p->y));
}
```

程序运行后的输出结果是________。

A. 1,2　　B. 4,1　　C. 3,4　　D. 2,3

25. 设有以下程序段

```
struct MP3
{char name[20];
    char color;
```

```
    float price;
}std, * ptr;
ptr = & std;
```

若要引用结构体变量 std 中的 color 成员，写法错误的是________。

A. std. color　　　　B. ptr-> color

C. std-> color　　　　D. (* ptr) . color

26. 有以下函数

```
# include < stdio. h >
struct stu
{int mun; char name[10]; int age;};
viod fun(struct stu  * p)
{ printf(" % s\n",p - > name);}
main()
{ struct stu x[3] = {{01,"zhang",20},{02,"wang",19},{03,"zhao",18}};
fun(x + 2);
}
```

程序运行后的输出结果是________。

A. zhang　　B. zhao　　C. wang　　D. 19

27. 设有如下定义：

```
struct jan
{int a;float b;}c2, * p;
```

若有 p=&c2;则对 c2 中的成员 a 的正确引用是________。

A. (* p). c2. a　　　　B. (* p). a

C. p-> c2. a　　　　D. p. c2. a

28. 有以下程序

```
#  include < stdio. h >
struct STU
{ int num;
    float TotalScore; };
void f(struct STU p)
{ struct STU s[2] = {{20044,550},{20045,537}};
    p. num  =  s[1]. num; p. TotalScore  =  s[1]. TotalScore;
}
main()
{ struct STU s[2] = {{20041,703},{20042,580}};
f(s[0]);
printf(" % d  % 3. 0f\n", s[0]. num, s[0]. TotalScore);
}
```

程序运行后的输出结果是________。

A. 20045 537　　B. 20044 550　　C. 20042 580　　D. 20041 703

29. 有以下程序

```
#  include < stdio. h >
```

```
# include<string.h>
struct STU
{ char name[10];
int num; };
void f(char * name, int num)
{ struct STU s[2] = {{"SunDan",20044},{"Penghua",20045}};
num = s[0].num;
strcpy(name, s[0].name);
}
main()
{ struct STU s[2] = {{"YangSan",20041},{"LiSiGuo",20042}}, * p;
p = &s[1]; f(p -> name, p -> num);
printf(" %s %d\n", p -> name, p -> num);
}
```

程序运行后的输出结果是________。

A. SunDan 20042　　B. SunDan 20044

C. LiSiGuo 20042　　D. YangSan 20041

30. 有以下程序

```
struct STU
    { char name[10]; int num; float TotalScore; };
void f(struct STU * p)
    { struct STU s[2] = {{"SunDan",20044,550},{"Penghua",20045,537}}, * q = s;
      ++p ; ++q; * p = * q;
    }
main()
{   struct STU s[3] = {{"YangSan",20041,703},{"LiSiGuo",20042,580}};
    f(s);
    printf(" %s %d %3.0f\n", s[1].name, s[1].num, s[1].TotalScore);
}
```

程序运行后的输出结果是________。

A. SunDan 20044 550　　B. Penghua 20045 537

C. LiSiGuo 20042 580　　D. SunDan 20041 703

31. 以下程序运行后的输出结果是________。

```
struct NODE
    { int num; struct NODE * next; } ;
main()
{   struct NODE s[3] = {{1, '\0'},{2, '\0'},{3, '\0'}}, * p, * q, * r;
    int sum = 0;
    s[0].next = s + 1; s[1].next = s + 2; s[2].next = s;
    p = s; q = p -> next; r = q -> next;
    sum += q -> next -> num; sum += r -> next -> next -> num;
    printf(" %d\n", sum);
}
```

A. 3　　B. 1　　C. 5　　D. 6

32. 以下程序运行后的输出结果是________。

```
#include <stdio.h>
main()
{   enum liquid {OUNCE = -1, CUP = 8, PINT = 16,
                QUART = 32, GALLON = 128};
        enum liquid jar;
    jar = -1;
        printf("%d\n", jar);
    if (jar < 0)
    {
        printf("less than zero\n");
    }
}
```

A. −1
less than zero

B. OUNCE
less than zero

C. −1

D. 编译出错

33. 以下程序运行后的输出结果是________。

```
#include <stdio.h>
main()
{   enum liquid {OUNCE = -1, CUP = 8, PINT = 16,
                  QUART = 32, GALLON = 128};
        enum liquid jar;
        jar = OUNCE;
        printf("%d\n", jar);
        if (jar < 0)
        {
            printf("less than zero\n");
        }
}
```

A. −1
less than zero

B. OUNCE
less than zero

C. −1

D. 编译出错

34. 以下程序运行后的输出结果是________。

```
#include <stdio.h>
main()
{   enum liquid {OUNCE = -1, CUP = 8, PINT = 16,
                  QUART = 32, GALLON = 128};
        enum liquid jar;
        jar = "OUNCE";
        printf("%d\n", jar);
        if (jar < 0)
        {
            printf("less than zero\n");
        }
}
```

A. −1
less than zero

B. OUNCE
less than zero

C. −1

D. 编译出错

35. 以下程序的输出结果是________。

```
struct HAR
{   int  x, y; struct HAR * p;} h[2];
main()
{
    h[0].x = 1; h[0].y = 2;
    h[1].x = 3; h[1].y = 4;
    h[0].p = &h[1] ; h[1].p = h;
    printf(" %d %d \n",(h[0].p) -> x,(h[1].p) -> y);
}
```

A. 12　　B. 23　　C. 14　　D. 32

36. 有以下程序

```
main()
{
    union {
    char ch[2];
    int d;
    }s;
    s.d = 0x4321;
    printf(" %x, %x\n",s.ch[0],s.ch[1]);
}
```

在16位编译系统上,程序执行后的输出结果是________。

A. 21,43　　B. 43,21　　C. 43,00　　D. 21,00

37. 以下对枚举类型名的定义中正确的是________。

A. enum a={one,two,three};

B. enum a {one=9,two=-1,three};

C. enum a={"one","two","three"};

D. enum a {"one","two","three"};

38. 下面程序的输出是________。

```
main()
{ enum em{ em1 = 3,em2 = 1,em3};
char *aa[] = {"AA","BB","CC","DD"};
printf(" %s%s%s\n",aa[em1],aa[em2],aa[em3]); }
```

A. 313　　B. 3 1 3　　C. DDBBCC　　D. 编译出错

39. 下面程序的输出是________。

```
main()
{ enum team {my,your = 4,his,her = his + 10};
printf(" %d %d %d %d\n",my,your,his,her);}
```

A. 0 1 2 3　　B. 0 4 0 10　　C. 0 4 5 15　　D. 1 4 5 15

40. 设有如下枚举类型定义

```
enum language { Basic = 3,Assembly,Ada = 100,COBOL,Fortran};
```

枚举量 Fortran 的值为________。

A. 4　　B. 7　　C. 102　　D. 103

二、填空题

1. 下列程序的功能为：学生姓名(name)和年龄(age)存于结构体数组 person 中，函数 fun()的功能是：找出年龄最小的那名学生，填空使程序实现其功能。

```
#include <stdio.h>
struct stud
{    char name[20];
     int age;
} ;
int fun(struct stud person[ ],int n)
{
     int min, i;
     min = 0;
     for(i = 0;i < n;i++)
     if(____【1】____ )  min = i;
     return (____【2】____);
}
void main()
{
     struct stud a[ ] = {{"Zhao",21},{"Qian",20},{"Sun",19},{"LI",22}};
     int n = 4,min;
     min = fun(____【3】____, ____【4】____ );
     printf(" %s 是年龄小者,年龄是: %d\n",a[min].name,a[min].age);
}
```

2. 以下程序中函数 fun()的功能是：统计 person 所指结构体数组中所有性别(sex)为 M 的记录的个数，并存入变量 n 中，做为函数值返回。请填空：

```
#include <stdio.h>
#define N 3
typedef struct
{    int num;char nam[10]; char sex;}SS;
     int fun(SS person[ ])
{    int i,n = 0;
     for(i = 0;i < N;i++)
     if( ____【1】____  = = 'M' )  ____【2】____  ;
     return n;
}
main()
{    SS a[N] = {{1,"AA",'F'},{2,"BB",'M'},{3,"CC",'M'}}; int n;
     n = fun(a); printf("n = %d\n",n);
}
```

第10章 文　件

一、选择题

1. 下列关于C语言数据文件的叙述中正确的是________。

   A. 文件由ASCII码字符序列组成,C语言只能读写文本文件

   B. 文件由二进制数据序列组成,C语言只能读写二进制文件

   C. 文件由记录序列组成,可按数据的存放形式分为二进制文件和文本文件

   D. 文件由数据流组成,可按数据的存放形式分为二进制文件和文本文件

2. C语言中的文件类型有________。

   A. 文本文件一种

   B. ASCII文件和二进制文件两种

   C. 索引文件和文本文件两种

   D. 二进制文件一种

3. C语言中系统的标准输入文件是指________。

   A. 键盘　　B. 显示器　　C. 软盘　　D. 硬盘

4. C语言中系统的标准输出文件是指________。

   A. 键盘　　B. 显示器　　C. 软盘　　D. 硬盘

5. 若要打开D盘上user子目录下名为abc.txt的文本文件进行读、写操作,下面符合此要求的函数是________。

   A. fopen("D:\user\abc.txt","r")

   B. fopen("D:\\user\\abc.txt","r+")

   C. fopen("D:\user\abc.txt","rb")

   D. fopen("D:\user\abc.txt","w")

6. 若要用fopen函数打开一个新的二进制文件,该文件要既能读也能写,则文件打开方式字符串应是________。

   A. "ab++"　　B. "bw+"　　C. "wb+"　　D. "ab"

7. 若以"a+"方式打开一个已存在的文件,则以下叙述正确的是________。

   A. 文件打开时,原有文件内容不被删除,位置指针移到文件末尾,可作添加和读操作

   B. 文件打开时,原有文件内容不被删除,位置指针移到文件开头,可作重写和读操作

   C. 文件打开时,原有文件内容被删除,只可作写操作

   D. 文件打开时,原有文件内容被删除,只可作读操作

8. 应用缓冲文件系统对文件进行读写操作，关闭文件的函数名为________。

A. fclose()　　B. close()　　C. fread()　　D. fwrite()

9. 若 fp 是指向某文件的指针，且已读到此文件末尾，则库函数 feof(fp)的返回值是________。

A. EOF　　B. 0　　C. 非零值　　D. NULL

10. fgetc()函数的作用是从指定文件读入一个字符，该文件的打开方式必须是________。

A. 只写　　B. 追加　　C. 读或读写　　D. 写或追加

11. 若调用 fputc()函数输出字符成功，则其返回值是________。

A. EOF　　B. 1　　C. 0　　D. 输出的字符

12. fgets(str,n,fp)函数从文件中读入一个字符串，以下正确的叙述是________。

A. 字符串读入后不会自动加入'\0'

B. fp 是 file 类型的指针

C. fgets()函数将从文件中最多读入 n-1 个字符

D. fgets()函数将从文件中最多读入 n 个字符

13. fputs()函数的功能是向文件中写入一个字符串，正确的使用格式是________。

A. fputs(str,n,fp)　　B. fputs(str,fp)

C. fputs(fp,str)　　D. fputs(fp,n,str)

14. fscanf()函数的正确调用形式是________。

A. fscanf(fp,格式字符串,输出表列)；

B. fscanf(格式字符串,输出表列,fp)；

C. fscanf(格式字符串,文件指针,输出表列)；

D. fscanf(文件指针,格式字符串,输入表列)；

15. 函数 ftell(fp) 的作用是________。

A. 得到流式文件中的当前位置

B. 移动流式文件的位置指针

C. 初始化流式文件的位置指针

D. 得到流式文件的长度

16. 函数 rewind()的作用是________。

A. 使位置指针重新返回文件的开头

B. 将位置指针指向文件中所要求的特定位置

C. 使位置指针指向文件的末尾

D. 使位置指针自动移至下一个字符位置

17. 函数调用语句：fseek(fp,-20L,2)；的含义是________。

A. 将文件位置指针移到距离文件头 20 个字节处

B. 将文件位置指针从当前位置向后移动 20 个字节

C. 将文件位置指针从文件末尾处退后 20 个字节

D. 将文件位置指针移到离当前位置 20 个字节处

18. 在 C 程序中，可把整型数以二进制形式存放到文件中的函数是________。

A. fprintf()函数　　B. fread()函数

C. fwrite()函数　　D. fputc()函数

19. fwrite函数的一般调用形式是________。

A. fwrite(buffer,count,size,fp);

B. fwrite(fp,size,count,buffer);

C. fwrite(fp,count,size,buffer);

D. fwrite(buffer,size,count,fp);

20. 已知函数的调用形式：fread(buffer, size, count, fp)；其中buffer代表的是________。

A. 一个整数,代表要读入的数据项总数

B. 一个文件指针,指向要读的文件

C. 一个指针,指向要读入数据的存放地址

D. 一个存储区,存放要读的数据项的首地址

第 11 章 综合练习题

1. 用递归方法求 n 阶勒让德多项式的值，递归公式为：

$$P_n(x)=\begin{cases}1 & (n=0)\\ x & (n=1)\\ ((2n-1)xP_{n-1}(x)-(n-1)P_{n-2}(x))/n & (n>1)\end{cases}$$

请选择正确的答案填入程序空白处。

```
float pnx(int n,int x)
{   float p;
    if(n==0) p=1;
    else if(n==1)  【1】 ;
    else p=((2*n-1)*x* 【2】 -(n-1)* 【3】 )/n;
    return p;
}
main()
{
    int n,x;
    float p;
    printf("n="); scanf("%d",&n);
    printf("x="); scanf("%d",&x);
    p=pnx(n,x);
    printf("\nP%d(%d) = %10.2f",n,x,p);
}
```

【1】A. p=x　　B. p=1　　C. p=pnx(n,x)　　D. p=pnx(n−1,x)

【2】A. p=x　　B. pnx(n−1,x)　　C. p=pnx(n,x)　　D. p=pnx(n−2,x)

【3】A. p=x　　B. pnx(n−1,x)　　C. p=pnx(n,x)　　D. p=pnx(n−2,x)

2. 以下程序用递归方法将求解：

$$s=1+x+x^2+x^3+\cdots+x^n \quad (|x|<1)$$

直到$|x^n|<=0.000001$时，累加结束。请选择正确的答案填入程序空白处。

```
#include <stdio.h>
#include "math.h"
main()
{   double s,x;
    printf("\nPlease enter x:");
    scanf("%lf",&x);
    s=1.0;
    if(fabs(x)<1.0)
```

```
    {   sum(1.0,x,&s);
        printf("s = %lf\n",s);
    }
    else
    printf("\nThe input, error!");
}
sum(double t,double p, __【1】__ )
{   t = t * p;
    if (t >= 0.000001)
    sum( __【2】__ );
    __【3】__ ;
}
```

【1】A. double a　　B. double *s　　C. double s　　D. double *a

【2】A. t,p,a　　B. t,p*p,a　　C. t,p,*a　　D. t*t,p,a

【3】A. *a+=p　　B. *a+=t　　C. *a+=x　　D. *a+=s

3. 下面的程序用递归方法按以下近似公式计算 e 的值：

$$e = 1 + \frac{1}{1!} + \frac{1}{2!} + \frac{1}{3!} + \cdots + \frac{1}{n!}$$

要求误差小于 10^{-5},请选择正确的答案填入程序空白处。

```
#include <stdio.h>
#include "math.h"
main()
{   double s;
    s = 1.0;
    sum_e( __【1】__ );
    printf("e = %lf\n",s);
}
sum_e(double t,double x,double *s)
{   t = t/x;
    if (t >= 1e-5)
        sum_e( __【2】__ );
    __【3】__ ;
}
```

【1】A. 0,1.0,s　　B. 1.0,1.0,&s　　C. 0,1.0,&s　　D. 1.0,2.0,&s

【2】A. t,x+1,*s　　B. t,x*x,a　　C. t,x+1,s　　D. t,x,*s

【3】A. (*s)+=x　　B. (*s)+=t　　C. (*t)+=x　　D. *s+=s

4. 以下程序用递归方法,调用 invert 函数将数组 a 中的元素逆序排放,请选择正确的答案填入程序空白处。

```
#include <stdio.h>
#define  N  10
invert(int *s, int i, int j)
{   int  t;
        if (i<j)
            {   t = *(s+i);
                __【1】__ ;
```

```
                *(s+j)=t;
            invert( 【2】 );
                }
        }
main()
{   int a[N]={1,2,3,4,5,6,7,8,9,10},i;
        invert( 【3】 );
      printf("\n");
      for(i=0;i<N;i++)
          printf("%5d",a[i]);
}
```

【1】A. *(s+j)=*(s+i)　　B. *(s+i)=*(s+j)

　　C. *(s+j)=t　　D. t=*(s+j)

【2】A. s,i+1,j-1　　B. s,i,j　　C. s,i-1,j+1　　D. a,i,j

【3】A. a,1,N　　B. a[0],0,N　　C. a,0,N-1　　D. a,0,N

5. 以下程序的功能是将二维数组 a 中每个元素向右移一列,最右一列换到最左一列,并将该数组存到另一个二位数组 b 中,并按矩阵形式输出数组 a 和 b。请选择正确的答案填入程序空白处。

例如:array　a: $\begin{bmatrix}1 & 2 & 3\\4 & 5 & 6\end{bmatrix}$　　array　b: $\begin{bmatrix}3 & 1 & 2\\6 & 4 & 5\end{bmatrix}$

```
main()
{   int a[2][3]={1,2,3,4,5,6},b[2][3];
    int  i,j;
    printf("\narray a:\n");
    for (i=0;i<=1;i++)
    {   for(j=0;j<3;j++)
        {  printf("%5d",a[i][j]);
        【1】 =a[i][j];
          }
        printf("\n");
    }
    for (i=0;i< 【2】 ;i++)
        b[i][0]= 【3】 ;
    printf("array  b:\n");
    for (i=0;i<=1;i++)
    {  for(j=0;j<3;j++)
        printf("%5d",b[i][j]);
        printf("\n");
    }
}
```

【1】A. b[i][j]　　B. b[i][j+1]　　C. b[j][i]　　D. b[i+1][j]

【2】A. 0　　B. 1　　C. 2　　D. 3

【3】A. a[i][0]　　B. a[i][j]　　C. a[i][2]　　D. a[i][1]

6. 以下程序中,函数 insert 的功能是:将存放在变量 b 中的一个字符插入已按降序排列的字符序列 a 中,插入后字符串 a 仍有序,请选择正确的答案填入程序空白处。

```
insert(char  * a, char b)
{    char  * p;
        p = a;
        while( * ( 【1】 )!= '\0')
                ;
        while( * (p - 1)< b&&( 【2】 )> = a)
            * (p -- ) = * (p - 1);
         【3】  = b;
}
main()
{    char c[30] = "987643210";
     insert(c, '5');
     printf("\n % s",c);
}
```

【1】A. p　　B. a++　　C. p++　　D. p--

【2】A. p　　B. p-1　　C. p++　　D. p--

【3】A. p　　B. *(p-1)　　C. *p　　D. *(p+1)

7. 以下程序用冒泡法将数组 a 中 n 个数据按升序(从小到大)进行排序，请选择正确的答案填入程序空白处。

```
void bubble(int  * a, int n)
{ int i,j,k;
     for(i = 0;i < n - 1;i++)
         for(j = 0;j < n - i - 1;j++)
             if ( * (a + j)> 【1】 )
             {   k = * (a + j);
                  【2】  =  * (a + j + 1);
                     * (a + j + 1) = k;
             }
}
main()
{    int a[10] = {9,8,7,6,5,4,3,2,1, - 1};
     int i;
     bubble( 【3】 ,10);
     printf("\n");
     for (i = 0;i < 10;i++)
         printf(" % 5d",a[i]);
}
```

【1】A. a+i　　B. *(a+i+1)　　C. a+j+1　　D. *(a+j+1)

【2】A. a+i　　B. *(a+j)　　C. a+j　　D. *(a+i)

【3】A. a　　B. a[0]　　C. a[10]　　D. a+1

8. 以下程序用选择法对数组 a 中 n 个数进行降序(从大到小)排列并输出。请选择正确的答案填入程序空白处。

```
void sort(int  * x, int n)
{    int i,j,k,t;
     for (i = 0;i < n - 1;i++)
```

```
    {   k = 【1】 ;
        for (j = i + 1;j < n;j++)
        if ( * (x + j)> 【2】 ) k = j;
          if ( 【3】 )
        { t = * (x + i); * (x + i) = * (x + k); * (x + k) = t; }
    }
}
main()
{   int a[10] = {1,2,3,4,5,6,7,8,9,10};
    int i;
    sort(a,10);
    printf("\n");
    for(i = 0;i < 10;i++)
        printf(" % 5d",a[i]);
}
```

【1】A. 0　　B. n　　C. i　　D. n－1

【2】A. x＋k　　B. ＊(x＋i)　　C. k　　D. x＋i

【3】A. k＝＝i　　B. k！＝j　　C. k！＝i　　D. k！＝0

9. 以下程序用二分法在数组 a 中查找 key 值,数组的元素已经按升序排列。

```
#define  N  10
main()
{   int a[N] = {1,3,5,7,9,10,11,12,13,14};
    int  low,high,mid,key;
    printf("\nInput key:");
    scanf(" % d",&key);
    low = 0;
    high = N - 1;
    while (low < = high)
    {   mid = 【1】 ;
        if(key < a[mid])
            high = 【2】 ;
        else if(key > a[mid])
            low = 【3】 ;
              else  break;
    }
    if(low < = high)
        printf("\nThe position is % d",mid);
    else
        printf("\nCan not find key!");
}
```

【1】A. low　　B. high　　C. low＋high　　D. (low＋high)/2

【2】B. mid　　B. mid＋1　　C. mid－1　　D. high－1

【3】C. mid　　B. mid＋1　　C. mid－1　　D. high－1

10. 以下程序中函数 index 查找字符串 a 是否为字符串 st 的子串。若是,则返回 b 在 st 中首次出现的下标,否则返回－1,请选择正确的答案填入程序空白处。

```
index(char st[], char a[])
```

```
{   int i,j,k;
    for(i = 0; 【1】 ;i++)
    {   for(j = i,k = 0;a[k]!= '\0'&&【2】;j++,k++)
                ;
        if(a[k] == '\0') return  i;
    }
    【3】 ;
}
main()
{   char st[30] = "12345tianjin39043058";
    char sub[20] = "tianjin";
    printf("\n%d",index(st,sub));
}
```

【1】A. st[i]==0　　B. st[i]!='\n'　　C. st[i]!='\0'　　D. st[i]=='\n'

【2】A. st[i]=a[k]　　B. st[j]=a[k]　　C. st[j]=a[i]　　D. st[j]=st[k]

【3】A. return i　　B. return 0　　C. return−1　　D. renturn k

习题参考答案

第 1 章　C 语言程序初步与基本数据类型

一、选择题

1. A,解析:函数是 C 语言程序的基本结构。
2. D,解析:后缀为.obj 的二进制文件不可以直接运行。
3. A
4. C,解析:C 程序中注释部分可以出现在程序中任何合适的地方。
5. D,解析:函数是 C 语言程序的基本结构。
6. C
7. C,解析:C 语言中的标识符可以用大写字母书写,也可以用小写字母书写。
8. D
9. B
10. C
11. C,解析:用 C 语言实现的算法可以没有输入但必须要有输出。
12. B
13. A
14. C,解析:E 后面只能为整数。
15. C,解析:用户标识符只能由数字、字母、下画线组成,并且开头不能为数字。
16. A
17. A
18. A
19. D,解析:C 语言的变量类型的长度与机器字长有关。
20. A
21. A,解析:'\'、'\018'和'\\0'不是合法的转义字符。
22. C,解析:符号常量无类型。
23. A,解析:c 为字符变量,其长度为一个字符。
24. C,解析:a 为无符号短整型变量,占 2 个字节,取值范围为 0～65535,当对 a 进行初始化后,其内存中二进制值为 1000000000000000,而输出语句中格式控制符%hd 表示以带符号短整型输出,其取值范围为－32768～32767,此时 a 的值刚好为－32768 的补码,因此输出 a=－32768。

25. D,解析：格式控制符%hx表示以十六进制格式输出一个无符号短整型数据，%ho表示八进制格式输出一个无符号短整型数据，%hd表示以十进制格式输出一个带符号短整型数据。

26. B

27. A,解析：−32768在计算机内存中的二进制补码为1000000000000000，%hu表示输出无符号短整型数据,因此输出32768。

28. C,解析：宏名通常用大写字母表示,用以区分变量,但并非必须。

29. A,解析：ch1的运算结果为'C',ch2的运算结果为'D',%d是以整数形式输出,输出结果为字符变量对应的ASCII码值。

30. B,解析：如果是全局变量,k的值为0；如果是在函数内部定义的局部变量,k的值就是随机的。

31. A

32. A

33. D,解析：在没有安装C语言集成开发环境的机器上可以运行C源程序生成的.exe文件,但无法编译C语言的源程序。

34. A

35. A

第2章　运算符与表达式

一、选择题

1. B,解析：ch的值为'A',条件表达式为真,ch的取值为ch+32,因此ch的值变为了'a'。

2. C

3. A

4. D,解析：关系表达式5!=3的值为真,而关系表达式的取值为0或1,因此值为1。

5. B

6. B,解析：(double)9/2的值为4.5,进行整型的强制类型转换后为4,(9)%2的值为1,因此表达式的值为3。

7. C

8. D

9. A

10. A

11. C

12. A

13. C

14. B,解析：赋值表达式的左值只能为变量,不能为表达式。

15. C

16. B,解析：赋值运算符的结合性为右结合,运算顺序为从右向左。

17. C

18. D,解析：先进行自增和自减运算,然后输出。

19. A

20. D

21. B,解析：执行 b=a 后,将整型变量 a 的低字节的值存入变量 b 中,a 的低字节的值为正数 97 的二进制值,而字符常量'a'的 ASCII 码值为 97。

22. B

23. C

24. C

25. C,解析：赋值表达式的左值只能为变量,不能为表达式；求余运算符的运算对象只能为整型数。

26. B

27. D

28. A,解析：赋值表达式的左值不能为表达式。

29. A

30. B

31. B

第 3 章　顺序结构与数据的输入输出

一、选择题

1. B

2. D,解析：赋值表达式的左值不能为表达式。

3. B

4. D

5. B,解析：输入格式控制符%3d 表示输入数据的宽度为 3,因此 x 的值为 123。

6. B

7. D,解析：第一个输出语句的输出列表中虽然有 k,但是输出格式中没有对应的%d,所以第一条输出语句中的 k 是不会输出的。

8. D

9. A,解析：选项 B 中,如果 12 和字符 a 之间含有空格,则系统会将该空格作为有效的输入字符存入变量 c1 中。

10. B,解析：x 为无符号整型变量,输出是%u 表示输出无符号十进制整型数。

11. A

12. B

13. D

14. C,解析：输出格式控制符%2d 表示以十进制有符号数输出,输出数据的最小长度为 2,当输出数据长度超过 2 时则输出数据的全部；012 为八进制整数,其对应的十进制数位 10。

15. A,解析：输入格式控制符%4d 表示输入一个十进制整型数,宽度为 4；而%3c 表示输入一个字符型数据,而字符型数据只能占用1个字节,因此变量c1的取值为5。

16. D,解析:选项D为两条语句。

17. C

18. C

19. C,解析:011为八进制整型数,其对应的十进制数位9,输出变量x时,先执行自增运算,然后将结果输出。

二、填空题

1. 3,解析:表达式(double)3/2的值为1.0;(int)1.99*2先对1.99执行强制类型转换,然后再进行乘法运算,该表达式的值为2。

2. 09

第4章 选择结构程序设计

一、选择题

1. B

2. B,解析:语句x=y;和y=z;独立于if语句,无论if条件是否成立都会被执行。

3. B

4. A,解析:条件运算符的优先级高于赋值运算符,条件表达式中的子表达式a＞15为假,因此条件表达式的值为a－10。

5. D,解析:赋值运算符的结合性为右结合,先计算子表达式z=y,变量z的值变为1,此子表达式的值也为1;然后将该子表达式的值赋值给x,则表达式x=z=y的值为真,x被赋值为3。

6. B

7. A

8. B

9. C,解析:switch语句中的每个分支均没有break语句。

10. B

11. C

12. A

13. C

14. D,解析:表达式k＜a? k: c＜b? c: a等价于k＜a? k: (c＜b? c: a)。

15. A,解析:变量cp的值为'B',表达式cp>='A'&&cp<='F'为真,则k= cp－'A'+10,k=11。

16. A

17. C

18. A

19. A,解析:由于x＞=y为假,所以值为0,0＞=z为假,因此表达式(x＞=y＞=z)为假。

20. B

21. C

22. C

23. C,解析：语句 b=c;和 c=a;不属于 if 语句的一部分。

24. D

25. A,解析：break 语句使程序流程跳出它所在的 switch 语句。

26. C

27. A

28. D

29. B

30. B

31. A

32. A

33. B

34. C

二、填空题

1. 1217

2. 200

第 5 章　循环结构程序设计

一、选择题

1. C,解析：循环控制表达式 k=0 的值为 0,不执行循环体语句。

2. B,解析：循环控制表达式 i==0 的值为 0,不执行循环体语句。

3. B,解析：循环语句中 x 的值依次取从 9 至 1,当 x 能被 3 整除时,输出表达式--x 的值。

4. B,解析：内层循环体是 k++,执行时,j、k 值的变化一致,k-=j 使得 k=0。循环执行完毕后,j 为 2,k 为 3。

5. A,解析：依据输入的 c 可知 c-'2'的值,分别进入不同分支进行执行,注意 break 的位置。

6. D,解析：计算循环控制表达式的值时,a++的值依次为-2、-1、0,对应 a 的值依次变为-1、0、1。前 2 次计算时,++b 的值依次为 1、2,对应 b 的值依次为 1、2,整个循环控制表达式的值为 1,执行循环体中的空语句。第 3 次计算时,a++的值为 0,根据短路特性不计算++b,循环控制表达式的值为 0,不再执行循环。

7. A,解析：k 初始为-1,循环控制表达式 k<0 的值为 1,执行循环体语句。执行 k++后,k 值为 0,循环控制表达式 k<0 的值为 0,不执行循环体语句。

8. C,解析：a 的值依次为 0、1、2、3、4、5,分别执行循环体中的语句。

9. D,解析：func()函数中 i 值依次取 0 到 n,当 n 为 3 时,输出 4 个“*”。

10. A,解析：计算循环控制表达式的值时,a--的值依次为 7、6、5、4、3、2、1、0,对应 a 的值依次为 6、5、4、3、2、1、0、-1。环控制表达式 a--的值为 1,执行循环体中的空语句,值为0时,不再执行循环。

二、填空题

1. m=n
   m!=0 或 m
   m=m/10 或 m/=10
2. t < eps 或 eps > t
   t * n/(2 * n+1)
   printf("%lf\n",2 * s)
3. m%5==0 或!(m%5)
   printf("%d\n",k)
4. (cx=getchar())
   cx!=front 或 cx-front
   cx
5. double s=0
   1.0/k
   %lf
6. s>=0
   s < gmin
7. k<=n
8. 074
9. 224
10. 16
11. 4321
12. 34

第6章　函　　数

一、选择题

1. B,解析:C语言中,每个函数均是独立的,不能在一个函数内部定义另外一个函数。
2. C
3. D
4. C,解析:函数调用时会对形参分配存储空间,然后把实参的值传递给形参,因此实参和形参分别占用不同的存储单元,是值传递。
5. D,解析:函数调用时会对形参分配存储空间,然后把实参的值传递给形参,因此形参只能是变量。
6. B,解析:主函数中定义的变量也是局部变量。
7. D
8. B,解析:fun(3)调用一次,fun(2)调用一次,然后fun(1)调用一次,共计3次。
9. C,解析:复合语句中定义的变量是局部变量,只在该复合语句中有效。

10. B,解析：外部变量和局部静态变量均存储在程序的静态存储区,局部变量存储在内存的动态存储区。

11. D

12. A,解析：定义 static 存储类别的局部变量,其存储区位于静态存储区,它的生存期是整个程序运行周期,但只能在定义它的语句块内所使用。B 选项,全局变量说明为 static 存储类别,则该全局变量只能在本文件中使用,其作用域不会扩大,反而是缩小。C 选项,静态存储区的变量,如果程序没有赋初值,则其初值为 0。D 选项,形参使用的存储类说明符和局部变量没有关系。

13. A,解析：定义函数时,形参表列的每个变量的类型需要单独定义,并且只需给出形参的个数和类型就可以了,形参变量的名字可以省略。

14. C,解析：在主函数中,执行的函数调用时 f(y,z),但是 f 函数没有实现两个数的交换,所以,变量 x,y,z 的值均没有被改变。

15. D,解析：这是函数调用作为另外一个函数的参数,首先执行 f(x,y),返回值为 x,y 中大的那一个,因此返回值为 8,然后执行 f(8,2 * z),所以返回值是 12。

16. C,解析：这道题是函数的递归调用。

17. B,解析：首先执行 fun(b,c),返回值为 5,然后执行 fun(2 * a,5),返回值为 6。

18. D,解析：fun 函数中定义的变量 x 位于静态存储区,是静态局部变量,编译系统在编译阶段为其赋初值为 1,在整个程序运行期间该变量均存在,并且不会被重新赋初值,也就是说,退出该函数后,x 的值会被保留下来,再次调用该函数,x 的值是上次调用后的值,不会重新被赋初值为 1。

19. A,解析：静态变量和外部变量位于静态存储区,在整个程序运行期间均会占用内存单元。

20. D,解析：道理同 18 题。

二、填空题

1. 0　解析：n 用于计数,所以需赋值为 0。
   x 解析：求的是 100 到 x 之间的值。
   t++或 t=t+1
   return 解析：需要返回 n 的值。
   &x
2. int y
   ?　　解析：条件运算符。
   &a,&b
3. sum=0　　解析：程序中只有 sum 没有被定义,并且需要初值为 0。
   i=1　　解析：i 代表红球,必须有红球,所以 i 从 1 开始。
   k=0;k<=6;k++　　解析：k 代表黑球,可以没有,最多 6 个,所以循环变量 k 的初值为 0。
4. s * m
   m-n
   return p

5. n2!=0或n2
   t=n1%n2
   n1

第7章　数　　组

一、选择题

1. C
2. B
3. B,解析:执行fun()函数,是将x数组中每行的最大元素存在数组y中。
4. C
5. C,解析:静态数组a中每个元素值为0,在执行第6行的循环语句时,j值为4,列下标为4的元素值未被修改,仍为0。
6. C
7. D
8. B
9. C,解析:以数组s中各元素的值作为下标,依次访问数组c中对应的元素,使值增1。数组c各元素的值依次为0、4、3、3、2。
10. D,解析:数组k前10个元素被分别初始化为非零值,其余元素值被初始化为0。因此循环执行10次,i值为10,其中能被2或5整除的数有8个,count值为8。
11. B,解析:循环中i值依次为0、1、2,对以2-i、i值作为下标的元素进行输出。
12. D
13. C
14. B
15. C,解析:循环中i值依次为0、1、2、3,分别根据i%2、a[i]%2的值进入不同分支。

二、填空题

1. a[i][j]!=a[j][i]或a[i][j]-a[j][i]
   1
2. 0
   a[i]<a[mini]
   maxi=i
   a[maxi]=a[mini]
3. 572
4. 14
5. 213
6. 3

第 8 章 指 针

一、选择题

1. B,解析：p2 指向 a 就是指 p2 等于 a 的地址。& * 是互逆的运算,相邻时可以直接约去。

2. A

3. B,解析：注意 C 选项中,在使用 * p1 之前,必须让 p1 等于某个变量的地址才可以。因此 C 中第二条语句有错误。

4. C

5. A

6. C

7. D,解析：p 是地址,会输出首地址 100。 * p 是数值,输出 200。

8. D

9. C

10. B

11. C,解析：记住原则：若 b 是数组名,指针 p=b,则 * (p+i)、* (b+i)、b[i]、p[i]都是一样的。

12. A

13. D

14. A,解析：200H 这是个 16 进制形式,p+13 相当于加了 13 * 4=52,52 对应的十六进制值是 34,因此答案是 234H。

15. C

16. B

17. D

18. D

19. C

20. B

21. D

22. D

23. A,解析：字符串的赋值使用 strcpy()函数。

24. D

25. B

26. D,解析："ABCDEF"字符串隐藏了'\0',因此数组 a 中有 7 个字符。

27. D,解析：不能写 a=b,因为 a 是数组名、是常量。

28. B,解析：循环的意义是让 j=2,即字母 r 是最大的字母,对应的下标是 2。然后 a[j]=a[7]使 a[2]=a[7]='\0',只保留了前 2 个字母。

29. A

30. D,解析：scanf 和 gets 的区别,就是在黑屏输入时是否可以有空格,结果是 a 对应

This,b 对应 is,c 对应 a cat!

31. D

二、填空题

1. JOIN(str1,str2)或 JOIN(&str1[0],&str2[0])

   j=strlen(s1)或 for(j=0;s1[j]! ='\0';j++)或 for(j=0;s1[j];j++)

   s2[i]! =或 *(s2 + i)! =

   '\0'或 NULL 或 0

2. a+i 或 &a[i]

   p-a 或-a+p

   >

   *s 或 s[0]或 *(s+0)

3. char *s 或 char s[]

   *p++或 *(p++)

   *s='\0'或 *s=0

第9章 结构、联合、枚举和类型定义

一、选择题

1. D
2. B
3. D
4. C
5. B
6. B
7. D,解析:对++(p.a)和(p.a)++的理解,简单理解为 p.a=p.a+1,但深层次++(p.a)和(p.a)++的意义是不一样的。++(p.a)分为两个步骤,①取出 p.a 的值自增1,②作为 printf()函数的输出项;而(p.a)++也分为两个步骤,①取出 p.a 的值作为 printf()函数的输出项,②p.a 的值自增1。
8. B,解析结构体变量在内存中所占空间的大小是各个成员所占空间的和,而共用体所占空间是由成员中占据空间最大的决定。
9. C
10. B
11. C
12. C
13. B,解析:共用体的各个成员共用一个内存的起始地址,虽然它们所占据的内存空间有时大小不一,但实际上是信息覆盖技术。s.age=28 覆盖了 s.name="WANGLING",s.income=1000 覆盖了 s.age=28。
14. B,解析,在共用体中 unsigned char 型变量 c 和 unsigned int 数组 a[4]共用一个内存起始地址。如图 11.1 所示。赋值语句 z.a[0]=0x39 和 z.a[1]=0x36 执行后,内存的存

储状况如图 11.2 所示。由于字符 c 成员只占 1 个字节，且以%c 的格式输出，对应的字符是"9"。

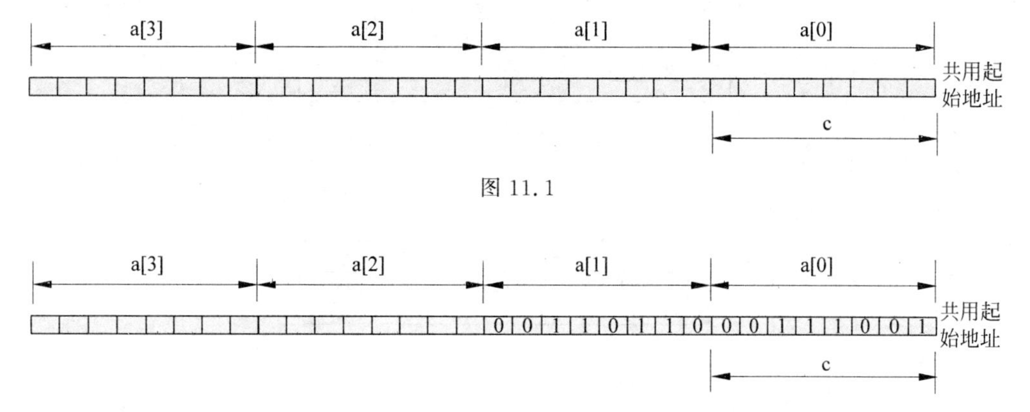

图 11.1

图 11.2

15. D，解析，三条语句 x.a=3；x.b=4；y.b=x.a*2，从左向右执行，x.b=4 后 x.a 的原值被覆盖变为 4，y.b=x.a*2 后为 8，由于 y.a 与 y.b 共用，所以 y.a 也为 8。

16. C

17. B

18. B

19. B

20. A，解析，第 1 个输出语句 printf("%d,",++p->n)，++p->n 理解为先将 p->n 值 100 取出，然后自增 1，变为 101 后输出；第 2 条输出语句 printf("%d,",(++p)->n)，(++p)->n 理解为先将 p 指针下拨，然后取 p->n 的值为 200；第 3 条输出语句 printf("%d\n",++(*p->m))，++(*p->m)理解为先将*p->m 值(即 d[1])20 取出，然后自增 1，变为 21 后输出。

21. C

22. A

23. C，解析，在 C 语言中，数组不能整体赋值。Mark 是结构体中的数组成员，依旧遵守数组的赋值原则，所以 t2.mark=t1.mark 是错误的，而 t1=t2 是对的，结构体变量可以整体赋值。

24. D

25. C

26. B，解析，主函数中 fun(x+2)语句的实参是结构体数组第 2 个元素的地址，被调用函数 fun()的形参对应的是结构体类型的指针，p->name 对应的是 "zhao"。

27. B

28. D

29. A

30. B

31. C，解析，这是一个环形链表，语句 s[0].next=s+1；s[1].next=s+2；s[2].next=s；后形成的链表如图 11.3 所示。执行语句 p=s；q=p->next；r=q->next；后 p，q，r 指针的指

向如图11.4所示。sum+=q-> next-> num 等价于 sum=0+3；sum+=r-> next-> next-> num 等价于 sum=3+2。

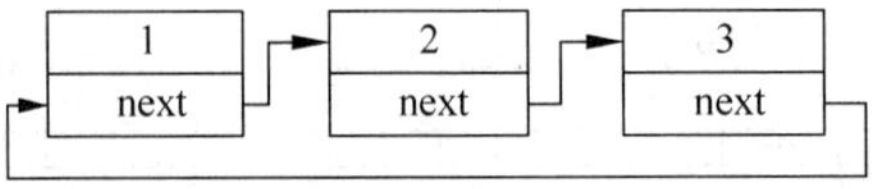

图 11.3

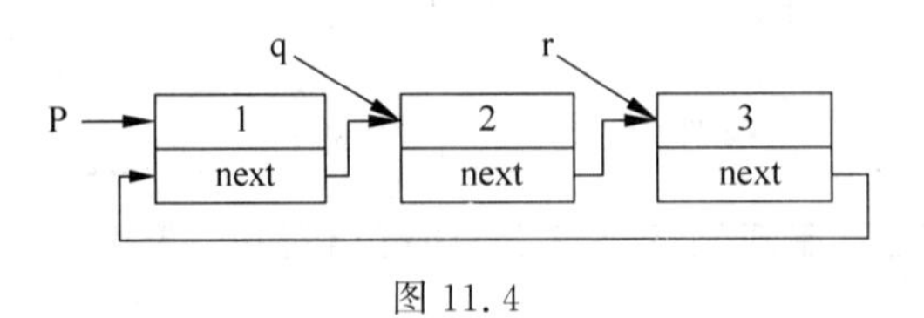

图 11.4

32. A
33. A
34. D
35. D
36. A
37. B
38. C
39. C
40. C

二、填空题

1. 【1】person[i]. age < person[min]. age
   或（ * (person+i)). age < person[min]. age
   或(* (person+i)). age <(* (person+min)). age
   或 (person+i)-> age < (person+min)-> age

【2】min

【3】a

【4】n 或 4

解析：对于C语言的程序，不管程序有多复杂，阅读程序的顺序都是从主函数开始的。我们找到主函数 main()，其中定义了结构体数组 a，并赋初值，【3】和【4】是对函数 fun()的调用，显然是填写实参，这时需要看函数 fun()的定义部分的形参，实参与形参一一对应，必然是【3】填 a，【4】填 n 或 4；再看函数 fun()中的【1】，应该是比较年龄的，在没有比较之前我们不知道谁的年龄小，先默认 person[0]. age 是最小的，为了在循环中作比较，用 person[min]. age 表示最合理，当然这种表示方法不是唯一的，还可以写成或（ * (person+i)). age < person[min]. age 或(* (person+i)). age <(* (person+min)). age 或 (person+i)-> age < (person+min)-> age；最后看【2】，处在 return()之中，根据主函数的调用部分要求，应该返回最小值的位置，所以填入 min。

2. 【1】person[i]. sex 或（ * (person+i)). sex 或(person+i)-> sex

【2】n++或++n 或 n=n+1 或 n+=1

解析：从主函数开始阅读程序，数组 a 被定义为结构体数组作为实参传给函数 fun()。函数 fun()中，for()循环完成比较和计数，【1】功能是比较，填入 person[i]. sex 或 (*(person+i)). sex 或(person+i)-> sex，判断是否为"M"；【2】功能为计数填入 n，因为函数有 return n。

第 10 章　文　　件

一、选择题

1. D，解析：C 语言的数据文件包括 ASCII 和二进制文件，C 的数据文件是流式文件而不是记录文件。

2. B，解析：同上。

3. A，解析：C 语言系统中的标准输入文件指的是键盘，标准输出文件指的是显示器。

4. B，解析：同上。

5. B，解析：由于 C 语言\是转义字符引导符，双引号内两个\代表一个\，"w"是只写操作。

6. C，解析：参见 fopen()函数说明。

7. A，解析：同上。

8. A，解析：参见 fclose()函数说明。

9. C，解析：参见 feof()函数说明。

10. C，解析：fgetc()函数是从文件中读数据。

11. D，解析：参见 fputc()函数说明。

12. C，解析：参见 fgets()函数说明。

13. B，解析：参见 fputs()函数说明。

14. D，解析：参见 fscanf()函数说明。

15. A，解析：参见 ftell()函数说明。

16. A，解析：参见 rewind()函数说明。

17. C，解析：参数 2 是指文件末尾。

18. C，解析：fprintf 是格式存放，fread 是读出，fputc 是存放单个字符。

19. D，解析：参见 fwrite()函数说明。

20. D，解析：参见 fread()函数说明。

第 11 章　综合练习题

1. ABD，解析：简单的递归函数定义，注意在递归调用时函数的参数直接写变量名，例如 pnx(n−1，x)，不要加上数据类型。

2. DAB，解析：根据程序第 9 行，函数的最后一个实际参数是 &s，因此定义时形式参数应该是个指针，再根据后两问的选项，可知是 double *a，后两问是基本的函数调用和循环的累加。

3. BCB

4. BAC,解析:把数组逆序的方式,就是数组首尾元素一直交换。

5. BCC

6. CBC,解析:【1】的作用是将p指向字符串a的末尾,后面是从后往前判断字符b到底应该插在哪个位置。

7. DBA

8. CBC

9. DCB

10. CBC,解析:注意【2】所在的循环体只有一个分号,下边的if不在这个循环里,if(a[k]=='\0')说明找到了符合条件的子串。

图书资源支持

感谢您一直以来对清华版图书的支持和爱护。为了配合本书的使用，本书提供配套的资源，有需求的读者请扫描下方的“书圈”微信公众号二维码，在图书专区下载，也可以拨打电话或发送电子邮件咨询。

如果您在使用本书的过程中遇到了什么问题，或者有相关图书出版计划，也请您发邮件告诉我们，以便我们更好地为您服务。

我们的联系方式：

地　　址：北京市海淀区双清路学研大厦 A 座 714

邮　　编：100084

电　　话：010-83470236　010-83470237

客服邮箱：2301891038@qq.com

QQ：2301891038（请写明您的单位和姓名）

资源下载：关注公众号“书圈”下载配套资源。

资源下载、样书申请

书圈

获取最新书目

观看课程直播